BIM 技术在建筑工程管理的应用研究

谢 强 著

中国财经出版传媒集团

中国财政经济出版社

图书在版编目（CIP）数据

BIM 技术在建筑工程管理的应用研究／谢强著．—北京：中国财政经济出版社，2019.5

ISBN 978 - 7 - 5095 - 8969 - 4

Ⅰ.①B… Ⅱ.①谢… Ⅲ.①建筑设计 - 计算机辅助设计 - 应用软件 - 研究 Ⅳ.①TU201.4

中国版本图书馆 CIP 数据核字（2019）第 078907 号

责任编辑：彭　波 责任印制：党　辉
封面设计：卜建辰 责任校对：徐艳丽

中国财政经济出版社 出版

URL：http：//www.cfeph.cn

E - mail：cfeph @ cfemg.cn

社址：北京市海淀区阜成路甲 28 号　邮政编码：100142

营销中心电话：010 - 88191537

北京财经印刷厂印装　各地新华书店经销

710 × 1000 毫米　16 开　15.75 印张　220 000 字

2019 年 5 月第 1 版　2019 年 5 月北京第 1 次印刷

定价：68.00 元

ISBN 978 - 7 - 5095 - 8969 - 4

（图书出现印装问题，本社负责调换）

本社质量投诉电话：010 - 88190744

打击盗版举报热线：010 - 88191661　QQ：2242791300

前　　言

　　近年来，随着我国经济发展速度的放缓，企业面临着转型压力，尤其是建筑业企业面临生产成本高、技术设备老旧、资源浪费、进度滞后、质量安全水平得不到进一步提高等情况，而造成这种局面的一个最主要的原因就是在传统的项目管理模式下项目全生命周期的过程间信息的传递和共享存在断裂、失真、不畅等现象，传统的信息沟通方式已经远远不能满足大型建设项目的需要，在这种激烈竞争的局面，亟须新的管理模式和技术工具来提高项目管理水平，增加项目利润，提高建筑企业竞争力。BIM（建筑信息模型）的基本理念就是实现项目全生命周期内的信息无缝传递和充分共享，并且国内外关于 BIM 的实践已经证明 BIM 在降低生产成本、改良技术、节约资源、进度控制等方面的巨大价值，在根本上提高项目管理水平和工作效率，因此，目前对 BIM 在建筑项目管理上的应用已经成为一个非常重要和热门的研究课题。

　　BIM 是英文 Building Information Modeling 的缩写，中文将其翻译为建筑信息模型。BIM 的发展主要经过了四个阶段：第一阶段为数字建筑，第二阶段为虚拟建筑，第三阶段为建筑产品模型，第四个阶段为建筑信息模型。经过这四个阶段的发展后，最终建筑信息模型成为建筑行业中都认可的标准术语名词。最早提出 BIM 技术概念的是美国的查理伊斯特曼教授，并且查理·伊斯特曼教授认为 BIM 是将一个建筑项目整个生命周期中的所有过程、控制以及维护等所有的信息集中整合到一个模型中的过程。目前，随着 BIM 技术的发展和应用范围不断扩大，不同的研究机构和相关的使用者对 BIM 的概念有着不同的解读。

我国的经济从改革开放以来发展十分迅速，在一段时期内，我国经济增速超过了 10%，而快速增长的经济也带动了我国各个行业的发展，特别是建筑行业的发展，发展迅猛。当前，我国还处于发展阶段，基础设施建设任务还比较重，这对于我国建筑行业来说无疑是一个发展的机遇，并且从这几年的实际情况来看，我国建筑行业也抓住了这次发展的机遇，在施工、管理等方面取得了很大的进步。但要注意的是，虽然我国建筑行业的发展取得了很好的发展，但是其中一些存在的客观问题我们也需要高度重视，最突出的一个问题就是我国建筑行业的发展虽然迅速，但总体上来说还是一种粗放型的发展，这是我国建筑行业几十年发展过程中一直存在的最大的问题，直至今日也没有一个有效的解决方案。而这种粗放型的发展模式使建筑行业的能耗在不断增加，工作效率在不断下降，这就使成本不断上升，这是不符合我国实行的可持续发展政策的。根据相关的调查显示，在我国当前的建筑行业中，能耗很高的建筑已经占到了总数的九成以上，这与现代建筑提出的低能耗、高效率的目标不符，与其他发达国家相比，我国建筑行业在采暖能耗、钢材能耗、混凝土能耗等都远远高于发达国家。

2004 年，BIM 技术引入我国，经过十几年的发展，BIM 技术虽然凭借着其在欧洲、美国等发达国家和地区的影响力对我国的建筑行业造成了一定的影响，但是从目前的情况来看，BIM 技术在我国建筑行业中的完全使用还存在着很多的困难。我们知道，BIM 技术的核心理念就是将工程项目中所有的数据信息通过计算机技术进行有效分析和整合从而建立起一个三维建筑数据信息模型，将工程项目中的各参与方设计信息、规划信息、需求信息以及施工运营信息等整个全生命周期的信息放入该数据模型之中，建立数据信息共享平台，然后经过数据处理过程，最终有效地完成工程项目的布置以及决策，促使工程项目目标的高效完成。曾经 CAD 技术是建筑行业中设计的救星，帮助设计人员完成过很多的项目工程，但是 BIM 技术的出现，打破了 CAD 技术在建筑行业的垄断，是当前建筑工程中的又一个创举，它对于提升建筑工程项目管理的工作效率和质量以及降低企业建设的成本有着重要的作用。

自 BIM 技术诞生并引进我国以来，国内的一些专门研究 BIM 技术的学者陆续发表了一些学术文章和系列丛书，引导我国国内的建筑企业进行技术革新。并且随着我国多个科技支撑计划的陆续展开，BIM 技术在我国的一些示范性建筑中得到了应用，如全世界高度第三位，上海市的中心大厦就是全面应用了 BIM 技术，在该工程项目中主要采用了以业主方为主导的 BIM 技术，实现了 BIM 技术的核心理念，并在技术上和多个跨国软件公司进行合作，将 BIM 技术进行了系统的应用，特别是该项目中的施工阶段，该阶段在 BIM 技术的应用上对我国建筑施工企业会有十分深远的影响。

　　本书总共分为六章。第一章对 BIM 技术以及工程管理的相关理论进行了概述，其中包含 BIM 技术的定义、BIM 技术的基本思想、BIM 技术的特点、BIM 的常用软件和应用环境、BIM 技术的适用范围、BIM 技术的原理分析、BIM 技术的在工程项目中的引入以及工程价值、BIM 技术的相关技术概述、建筑工程管理的现状、建筑项目管理模式及其分析、当前我国 BIM 技术研究现状等内容；第二章对基于 BIM 技术工程管理系统框架的构建和技术的实现进行了分析，包括 BIM 技术的主要应用模式、管理架构的原则、BIM 技术实施的人员配置、基于 BIM 技术的系统架构和流程、制定合理的 BIM 技术和利益分配制度等内容；第三章分析了当前我国建筑工程管理应用 BIM 技术的现状、问题及其对策；第四章分析了 BIM 技术在建筑工程管理各个阶段的应用；第五章针对具体的案例进行了分析；在第六章对 BIM 技术未来的发展进行了展望。

作者

2019 年 1 月

目　　录

第一章 BIM技术和工程管理的相关理论概述

第一节　BIM 技术和工程管理的相关概述

一、BIM 技术的概念

BIM 是英文 Building Information Modeling 的缩写，中文将其翻译为建筑信息模型。BIM 的发展主要经过了四个阶段：第一阶段为数字建筑，第二阶段为虚拟建筑，第三阶段为建筑产品模型，第四阶段为建筑信息模型。经过这四个阶段的发展后，最终建筑信息模型成为建筑行业中都认可的标准术语名词。最早提出 BIM 技术概念的是美国的查理·伊斯特曼教授，并且查理·伊斯特曼教授认为，BIM 是将一个建筑项目整个生命周期中的所有几何、过程、控制以及维护等所有的信息集中整合到一个模型中的过程。目前，随着 BIM 技术的发展和应用范围不断扩大，不同的研究机构和相关的使用者对 BIM 的概念有着不同的解读。对于我国来说，由于我国的 BIM 技术起步相对较晚，因此对 BIM 技术的定义没有十分全面的概述，当前我国主要引用的是美国对 BIM 的定义，其主要分为三个部分：一是 BIM 技术是一种通过建立模型将建筑中的所有物理信息以及相关的功能进行数字化表达的一种技术；二是在 BIM 模型中，其集合了整个建筑项目的所有数据，是一个实现了共享的数据资源，能够为项目的参与方在设计、策划、运营、施工以及维护等过程中提供有效的依据；三是在建筑项目的整个周期中的每一个阶段，项目中的各个参与方能够通过 BIM 模型对整个项目的所有信息进行提取和更新，实现各个参与方的协调工作。

二、BIM 技术的特点

BIM 技术是整个建筑项目实现信息集合的载体，被应用于建筑项目中的设计、运营、施工、使用以及维护等每一个阶段中，实现了所有信息的共享，能够对所有的阶段进行控制和管理。一般来说，BIM 技术的特点为：可视化、模拟性、优化性、协调性以及可出图等。

（一）建筑全程的可视化

近些年来，随着高层建筑越来越多，建筑的造型、构造以及功能越来越向着复杂化发展，仅仅通过建筑人员依据平面设计图纸对建筑的实际结构进行想象是非常困难的，并且建筑人员也不能够对施工人员进行有效的指导。此时就需要应用 BIM 技术，其所拥有的可视化功能能够很好地将平面设计图中的建筑结构转换为三维立体模型，展示出整个建筑项目的实际效果，能够实现整个建筑项目在课时化的状态之中进行，使各个建筑项目的参与方能够十分直观地了解到某个阶段或者某一部分中的难点以及重点，最终实现可视化的模拟和交底，帮助管理人员在现场施工的过程中能够顺利地进行质量、进度等方面的检查和管理，避免出现施工现场进行返工的现象，同时提升工作效率。

（二）服务协调

任何一个建筑项目的建造过程都是十分复杂的，需要耗费大量的时间，并且参与方的数量也比较多，涉及的专业也比较广泛，这就造成了信息的实时交换难以实现，各参与方以及各个专业之间的协调工作也难以顺利展开。在施工的过程中，虽然各个参与以及各个专业之间有着非常明确的分工，但是各方之间的合作却是十分模糊的。这样就造成了没有及时沟通、工作不协调等方面的问题，进而导致在施工过程中出现各种冲突和问题。如果对这些冲突和问题进行后续的协调和补救，必将会影响建筑项目的进行以及最终效益。而 BIM 技术中的协调性能够很好地减少或者完全避免这些问题的发生。例如，在施工的过程之中，管理人员使用 BIM 技术建立起各个环节的专业模型，并将不同阶段、不同专业的数据模型进行整合，对施工过程进行有效协调，这样不仅能够降低各方之间的交流沟通难度，还能够及时地发现如设计布置、构建冲突等方面的问题，做到及时解决问题，减少工程验收效率下降的情况发生，保障工程施工质量。

（三）全方位优化

在建筑项目的整个过程之中，相关人员会对建筑项目积极性不断优化，如设计、施工方案、施工工艺等方面。虽然BIM技术本身并不能够对整个建筑项目进行优化，但是相关的人员却能够通过BIM技术所建立的数据模型，在结合相应配套的其他优化工具，对那些复杂的项目进行模拟优化和分析，进而选择出更加有效、更加可行的方案或者施工工艺，还能够对现场的施工人员进行可视化的交底，可以有效地减少因为涉及方案、施工发难等方面导致的返工，能够有效地提升工作效率和质量。

（四）真实情况模拟

BIM技术不仅能够根据整个建筑的数据来建立模型，还能够对整个施工的过程进行动态模拟，对其中那些如设备安装、钢筋捆绑等较为复杂的施工过程进行细化模拟。例如，以BIM技术建立的数据模型为基础，全面掌控整个施工现场的情况，精确地把握每一个作业流程，从而设计出高水平、高质量的施工方案，并对现场的施工人员进行模拟指导，使整个施工过程更加明了和直观，提升工作效率；又如利用BIM技术进行4D进度模拟，进而制定出更加合理的施工计划，掌控现场的施工进度，有效地在保障施工质量的情况下缩短项目的工期；再如还能利用BIM技术进行5D模拟，对成本进行动态管理，合理降低工程成本，提升工程未来效益。

（五）可出图性

项目管理人员可以利用BIM技术建立模型进行可视化交底，然后通过各种优化、调整、变更以及改进等将模型进行进一步完善，最终得出最佳的设计施工图。

三、BIM 技术常用的软件介绍

BIM 技术的应用需要各种相应的软件来支持，整个 BIM 技术应用的过程就是在不同的环节使用不同的 BIM 软件将信息和建筑结合起来，建立起相应的数据模型，使工程的各个参与方能够协调工作的开展过程。从这里能够看出，BIM 技术的应用需要一系列相对应的 BIM 软件来实现，在项目的不同环节不同的软件能发挥不同的作用。图 1-1 是 BIM 技术相关的软件总结。

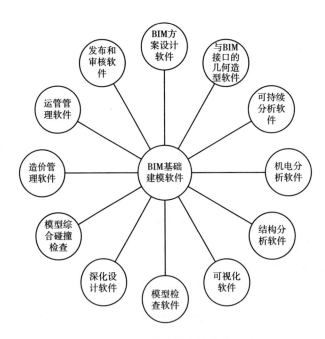

图 1-1 BIM 技术的相关软件总结

从目前来看，BIM 技术的相关软件主要分为两种类型：一种是基础建模软件，另一种是应用分析软件。

我们知道，BIM 技术在建筑项目中的应用，首先就需要建立模型，因此 BIM 技术的基础软件就是建模软件。然后在模型的基础上，利用 BIM 技术中的分析软件对建筑工程的数据进行分析和计算。

目前在我国的市场中，最常见的 BIM 软件主要包括德国公司开发的 ArchiCAD 软件、美国偶科特公司开发的 AutodeskRevit 系列软件以及芬兰普罗格曼公司开发的 MagiCAD 软件等，其中美国偶科特公司开发的 Autodesk Revit 系列软件在我国使用得最为广泛，下面将对 AutodeskRevit 系列软件以及 NavisWorks 软件进行详细的介绍和分析。

（一）AutodeskRevit 系列软件

Revit 的中文意思为"所见即所得"，这款软件最早是由 Revit Technology 公司所开发出来的，在 2002 年被偶科特公司收购，经过多年的发展，现在已经成为全世界应用最为广泛的 BIM 软件，其主要应用于民用的建筑项目中，包括结构工程、建筑工程等专业领域。下面我们来具体说一下该软件的组成。

（1）Revit 文件。在 Revit 文件中，其主要包括项目文件、族文件、样板文件以及族样板文件，这些文件的后缀分别是".rvt"".rte"".rfa"".rft"，如图 1 - 2 所示。

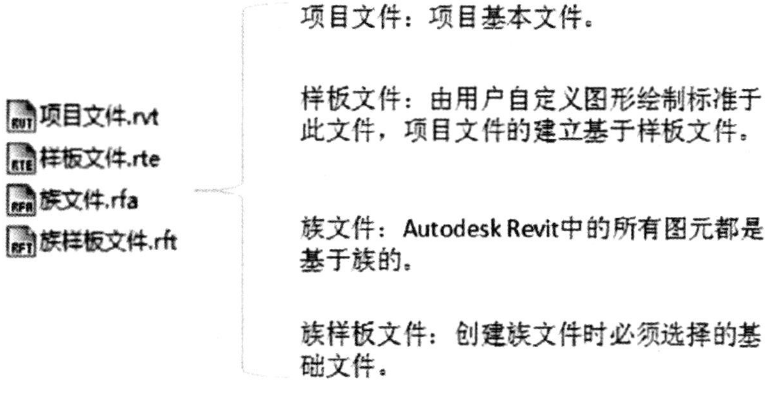

项目文件.rvt   项目文件：项目基本文件。

样板文件.rte   样板文件：由用户自定义图形绘制标准于此文件，项目文件的建立基于样板文件。

族文件.rfa   族文件：Autodesk Revit 中的所有图元都是基于族的。

族样板文件.rft   族样板文件：创建族文件时必须选择的基础文件。

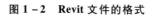

图 1 - 2 Revit 文件的格式

其中，项目文件的功能是存储了建筑项目的所有的数据信息，主要包括建筑项目的平面图、立面图、节点图、剖面图以及三维模型等相关的数据信息。在使用的过程中，用户可以通过项目文件对项目进行修改和调整，并能够将修改的部分及时地反映在立面图、平面图以及剖视图等相关联的区域，便于管理人员对项目的管理。样板文件是用户在新建一个项目时会自动生成一个初始文件，它表示的是新建项目中的楼层设置、楼层高度、度量单位等的初始参数。同时，用户也能够根据自身的需要来自行定义样板文件中的内容，并能够保存成新的样板文件。族文件是以族样板文件为基础建立的文件，并且是用来创建项目中如板、墙、门、窗户、柱以及梁等基本图元的，因此，族是整个软件的基础，其中包含图元的尺寸、位置等重要的参数，并能够调节这些图元在模型中的尺寸以及位置等，以便提升建模的效率。

（2）Revit 软件的界面（见图 1 - 3）。从目前来看，当前 Revit 软件的界面不再采用以往那种菜单和工具栏，而是变为以工作流程为基础，将所有软件的功能进行分类。在每一个选项卡中都会包含一个或者多个面板，而每一个面板都是由不同的工具所组成，在使用时单机面板中的工具就能够使用该工具的功能。

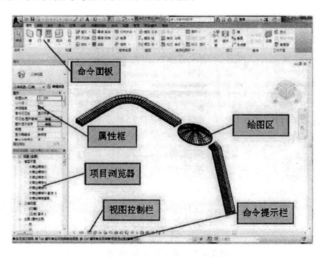

图 1 - 3　Revit 软件界面

（3）软件的基本操作。在建立项目模型的过程中，首先需要建立起该模型的标高和轴网，并且要注意轴网的类型属性，要及时修改。在轴网建立完成之后，用户就可以通过立面图对其中的标高和名称进行修改。在轴网标高完成之后，可以在模型之中绘制门、窗户、墙、梁、板、柱等图元，并编辑这些图元的各自的属性。在这个过程中，用户可以根据现场的施工顺序情况来建立，在建立时可以将 CAD 图纸导入其中来固定门、窗、柱、墙等在模型之中的位置，但要注意的是，在建立的过程中是否有需要降低标高的部分。随后再通过三维的示意图，了解各个构件之间的联系，再检查有没有标高上的错误。最后进行渲染，形成图纸并进行打印。

（4）Revit 系列中的三类软件。Revit Architecture 软件是 Revit 系列中专门为专业的建筑设计师以及工程师所开发出来的一种建设设计软件，能够有效地帮助设计师设计出合理的设计方案，建立起 BIM 模型，并且还能够生成现场施工的施工图，完成更加精确的建筑设计。总的来说，Revit Architecture 功能众多，操作容易上手，应用十分便利，是当前我国使用最广泛的 BIM 建模软件。Revit Structure 软件是结构设计师或者工程师使用的一款软件，能够给结构工程师提供 BIM 建模、分析模型以及分析结构受力情况的工具，能够帮助结构工程师设计出更加精确、更加高效的建筑结构，能够实现快速、简单的完成模型的建立，包括立面图、平面图以及剖面图的生成，各类信息的统计和钢筋截面、平面以及弯折等的绘制。Revit MEP 是专门为机电设计师设计的一款软件，为机电设计师提供了给排水、机电设备等方面的建模工具以及制图工具。机电工程师能够通过这款软件建立三维模型，并通过三维模型完成设计优化、设备调整等方面的工作。

（5）斯维尔和 Revit 的对比。在所有的 BIM 技术软件中，每一种软件都有自身优势和缺陷，使用者可以根据不同项目的实际情况以及自身的需求来选择适合自己的软件。在 BIM 模型建立之中，需要使用到种类众多的软件，如斯维尔、广联达等，而 Revit 能够很好地与其他软件实现兼容，相互顺利地导入和导出，可以高效地获得各种需要的信息等。下面我们来看一下 BIM 技术相较于其他技术的优越性，以斯维尔和 Revit 为例，对两种软件进行对比分析，如表 1 - 1 所示。

表 1 - 1　　　　　　　斯维尔和 Revit 软件的对比分析

软件名称	优点	缺点	对比分析
斯维尔	1. 计算工程量速度较快； 2. 可以直接识别 CAD 图纸； 3. 算量精准	1. 三维效果不美观，软件兼容性差； 2. 不能实现漫游、动画、材质等物理分析	都可用于创建建筑信息模型及可视化，算量精准。Revit 可以对材质进行设置，能实现建筑材料的渲染，可以做出精美的模型外观，还能提供动画、漫游、模拟施工、碰撞检查等文本文件，所以主攻建筑模型方向。斯维尔能快速识别 CAD 图纸，建模速度快，可快速统计复杂、精细的工程量（如钢筋、脚手架等），所以主要用于工程算量
Revit	1. 建模效果好，材质附带物理特性； 2. Revit 与其他软件兼容性好，可以依托其他软件对模型进行进一步处理（如 Lumion Navisworks、Autodesk Showcase 等）； 3. 组建模型可以进行漫游、动画等	1. 建模速度慢； 2. 钢筋布置烦琐，不利于对钢筋工程量的统计	

（二）NavisWorks 系列软件

NavisWorks 软件最早是由剑桥大学的 Tim Wieggand 博士所开发的，使用浏览各种 3D 格式的文件以及模型。在 2007 年其被 Autodesk 公司收购，经过多年的发展，NavisWorks 软件一直被应用于建筑、工厂等项目之中，如三维协同、仿真、校审等方面。设计人员通过使用 NavisWorks 软件可以有效地提升自身的工作效率，较少在设计过程中出现问题的频率，是目前项目工程发展的稳固平台。下面我们来看一下 NavisWorks 软件的详细信息。

（1）NavisWorks 软件的操作界面（见图 1 - 4）。在 NavisWorks 软件中，其操作过程支持 CAD 制图软件中的数据格式，并且 Navis-

Works 软件的操作界面十分灵活，能够进行升级、编程以及设计。但是 NavisWorks 软件也存在自身的缺点，那就是该软件不能够创建模型，也不能够将二维的数据转化到三维模型之中，只能在 Revit 建立的模型的基础上完成如施工模拟、碰撞模拟和检测等操作。

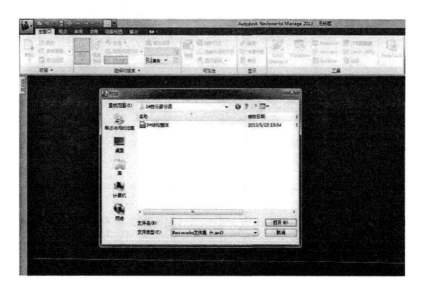

图 1 - 4　NavisWorks 软件的操作界面示意图

（2）NavisWorks 软件的主要功能。NavisWorks 软件能够帮助项目的相关人员前期完成模型整合、碰撞检测、施工模拟以及实时检测等的工作，为建筑模型的数据保持一致性提供保障，提前发现图纸中的问题，并及时解决，减少或者避免在施工的过程中出现返工的情况，避免了成本浪费。一般来说，NavisWorks 软件有以下几种功能：一是模型整合功能。NavisWorks 软件虽然不能够创建模型，但是能够有效地将 Revit 等建立的模型以及相应的数据整合到一个集成性的建筑模型之中，便于项目人员及时地检查和审阅该数据模型，同时还能够对不同的专业进行虚拟加工、碰撞检测等（见图 1 - 5）。

二是模型可视化以及实时漫游功能。NavisWorks 软件中具备 HDRI 光线功能或者说散光功能，其能够通过该功能在模型的环境背

图 1 - 5　NavisWorks 软件模型整合示意图

景之中添加光照或者夜景图像，并且能够借助实时着色器配置材质、照明及背景等渲染环节，制作出真实且形象的三维动画，从而进行三维实时漫游，最终实现在虚拟的建筑模型之中进行自由的旋转和自由移动，让用户更加直观地了解整个建筑内部的情况（见图 1 - 6）。

图 1 - 6　NavisWorks 软件实时漫游

三是审核、协作工具。NavisWorks 软件中的审核工具能够进行面积、长度、距离等方面的测量，还能够进行界面图、剖面图的添加以及设计方案的保存、组织以及共享，进而对各种专业模型进行碰撞检测和校审，提升整个项目的准确性（见图 1 - 7）。

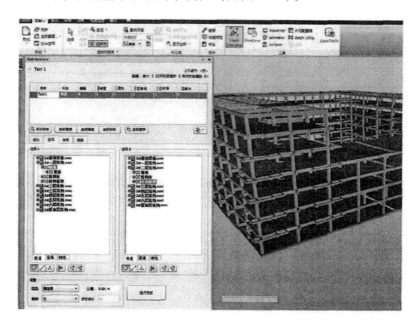

图 1 - 7　NavisWorks 软件碰撞校审

四是 4D 或者 5D 进度模拟功能。NavisWorks 软件能够将项目所要应用的进度软件、管理软件、成本等方面的数据和项目模型建立关联，然后通过观察其中的进度以及在施工过程中出现的偏差，实现对项目的精细化管理，有效地协调各个参与方的工作，最大化地减少返工、质量下降等问题的出现（见图 1 - 8）。

四、BIM 技术的应用标准

BIM 技术应用的核心就是解决整个建筑项目在不同阶段、不同的参与方在不同的专业中信息的交换和共享问题，但是我们知道 BIM

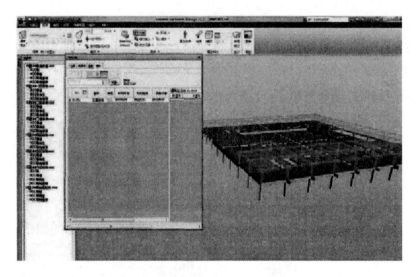

图 1 - 8　NavisWorks 软件进度模拟

技术应用过程中涉及的软件种类繁多，并且还要保障不同软件之间的数据信息保持一致。因此，BIM 技术在项目的应用过程中应该需要一个统一的标准作为支撑。目前，BIM 标准的制定在全世界各个国家达成了一致，对于我国来说，由于我国对 BIM 标准的研究和制定起步较晚，没有十分成熟的研究成果，与英国、日本、美国等发达国家存在着比较大的差距。

（一）IFC 标准

IFC 的意思是工业基础类，它描述了 BIM 普遍使用的标准格式，并且它还是一种不受任何供应商控制的公开性标准，是建筑行业中最全面的数据模型标准，包括建筑领域中每一个阶段工程数据的定义。最早的 IFC 标准是 1997 年由 IAI 制定并发布的，在后来发展过程中，为了进一步促进 IFC 标准应用于 BIM 技术之中，2005 年 IAI 组织又提出了 buildingSMART，专门用于制定和维护相关的 IFC 标准。2007年，IAI 组织将名字改为 buildingSMART。随后，在 buildingSMART 组织的不断努力下，IFC 标准一直在进行更新和完善（见图 1 - 9）。目前，IFC 标准已经被世界上多个国家作为 BIM 技术中的应用标准，如美国的 BIM 基础标准的制定就是以 IFC 标准为基础制定出来的。

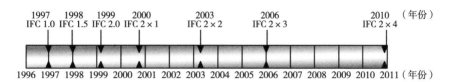

图 1 - 9　IFC 标准发展进程

　　IFC 标准的制定是为了给建筑行业提供一个在全过程中不依靠任何系统的数据标准，实现各个环节之间信息的交换和共享。在 IFC 标准中，其内容主要为 IFCSchema，为建筑项目中的空间关系、组织、建筑构件等提供了描述和定义的规范。在 IFCSchema 中，其由资源层、核心层、共享层以及领域层四个层次组成（见图 1 - 10）。

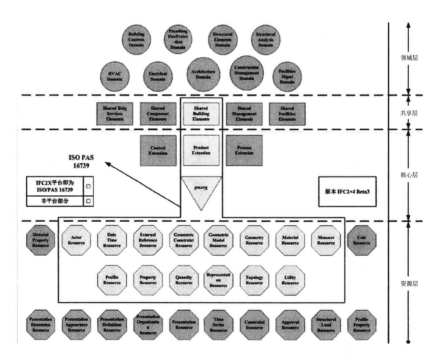

图 1 - 10　IFCSchema 的四个层次

其中，资源层定义了描述独立于建筑实体材质、时间以及尺寸等通用信息；核心层定义了 IFC 模型基础关系以及结构等抽象概念，如 control、process 等；共享层定义了用于建筑设计、施工管理等通用性概念，主要应用在领域之间的信息交换和共享；领域层定义了建筑项目中的结构领域、管理领域等不同领域中特有的实体对象的信息和概念。

（二）国外 BIM 标准以及规范

美国是 BIM 技术的起源之地，随着科学技术的不断发展，BIM 技术逐渐被其他国家所应用，如英国、德国、芬兰等发达国家，并且这些国家对 BIM 技术的应用十分重视，因此这些国家的一些政府机构、地方组织、企业单位以及相关的学术组织都先后制定出了相对应的 BIM 技术标准和一些技术政策。

2007 年，美国的建筑科学院发布了基于 IFC 标准制定出的美国 BIM 技术应用标准第一版，这不仅是全世界第一个达到国家级标准的 BIM 标准，更重要的是该标准规范和指导了在不同专业之间的 BIM 模型数据信息共享以及互换的要求，为 BIM 技术在以后的快速推广和应用打下了良好的基础。2012 年，美国又发布了美国 BIM 应用标准的第二版，其主要的内容可以分为三个部分：一是该标准阐述了 IFC、IFD 等经过 ISO 认证的标准；二是阐述了在成本分析和工程量等信息交换的标准；三是阐述了 BIM 技术在具体项目上的应用指导。美国发布这两个版本都对 BIM 技术的应用提供了良好的理论指导，但到目前为止，这两版标准的内容还没有具体到实际应用的层面，还不够细致和具体。另外，美国的其他组织机构也发布了一些 BIM 技术标准和政策，如洛杉矶大学在 2009 年发布了设计、招标以及施工的 BIM 标准；再如美国总承包商协会在 2006 年发布了相应的 BIM 标准。

随后在美国大力研究和发展 BIM 技术之后，英国也紧跟其脚步，

2009 年，英国的 AEC 项目委员会发布了 *AEC BIM Standark* 标准，其中包括不同专业协调工作标准、信息模型标准、出图标准、项目应用标准等内容，该部标准是一种最具代表性的 BIM 技术行业标准，但是该标准也存在着不足，其中最大的不足就是该标准仅仅针对设计单位在设计阶段的应用，对于其他参与方在其他阶段中并不适用。2010 ~ 2011 年，英国 AEC 项目委员会又陆续发布了能够适用于 AutodeskRevit 以及 BentleyBuilding 软件的应用标准，并且这两种标准都有着较强的实践操作性。

除美国和英国外，其他国家也发布了符合自身实际国情的 BIM 应用标准以及相关的政策，如德国 2006 年发布了针对智能建筑的 BIM 应用标准，及"UHDEBIM/IFC"；又如韩国 2010 年对在建筑设计和业主发布了"A-BIM Guide"标准等。

（三）国内 BIM 标准以及相关政策

我国接触和研究 BIM 技术是在 1998 年，相较于其他发达国家来说，起步较晚，目前 BIM 技术已经在我国的建筑领域得到了广泛的应用，但我国对于 BIM 技术应用标准的研究还是处于基础的研究阶段，研究还没有全面展开。近些年来，我国政府对 BIM 技术应用标准的制定已经开始，并且发布了一些关于行业的规范以及应用指南。2007 年，我国的国家建筑标准设计研究院以我国实际国情为基础，通过对 IFC 标准的简化制定出了 JG/T 2007 标准，这项标准主要是针对建筑项目的数字化进行了一定的规范，但是并没有对 BIM 技术相关软件之间的数据信息进行规范，没能实现数据之间的交换以及共享。随后在 2008 年，通过国家建筑科学研究院以及标准化研究院等组织的共同努力，完成了《GB/T 25507－2010 工业基础类平台规范》的草拟，这项标准和 IFC 标准在技术方面的规范相一致。2010 年，在多个研究组织的帮助下，清华大学 BIM 课题组以 NBIMS 标准为参考，提出了适合我国国情的中国建筑信息模型标准框架，对建筑工程中的设计、运营、施工、维护等环节进行了规范，为我国 BIM 技术应用标准的制定打下了坚实的基础。在之后的发展过程中，我国住建部陆续推出了一些 BIM 政策，如《2014 年国家建筑标准设计编制工作计划》《建筑工程信息模型应用统一标准》等。2016 年 12 月 2 日，国家住建部发布了《建筑工程信息模型应用统一标准》，并成为国家标准，在 2017 年 7 月 1 日开始正式实施。除此之外，我国的其他省区市也陆续推出了关于 BIM 技术的相关政策。

五、BIM 的发展历程

自 BIM 的概念被提出来之后，发展至今已经四十多年。从前述的内容我们已经知道，BIM 理念的源头是建筑描述系统，该系统的概念是 BIM 概念的起源，并提出了自动计算工程量、三位建筑模型、自动更新试图以及以数据库为基础等的关键词。在随后的发展过程之中，学者纷纷提出与这些关键词相似的概念，例如，芬兰学者提出了 Product Information Model 系统，美国学者在 1986 年提出了 Building Modeling 理念，但是当时由于受到计算机技术的限制，这个概念被提出后由于技术上的限制很难实现，因此相关的研究没有再继续进行下去。

在后来的发展过程中，随着计算机技术的飞速发展，BIM 技术研究以及相关理念的研究不断更新和进步。1996 年，美国的斯坦福大学研究开发出了建筑工程的 4D 模型，主要用于建筑工程中的施工管理。除此之外，其他相关的研究还有：AdleiKumi 提出了关于建筑工程现场施工的可视化的 PROISYS 模型，Rad 提出了能够计算建筑发生外观变化时间的 4D 维护模型，虽然学者提出的这些概念没有统一的数据标准，不能够满足 BIM 技术的要求，但是体现了建筑工程的管理思想。

在 20 世纪 80 ~ 90 年代，各大建筑软件厂商纷纷推出了以 BIM 技术概念为基础开发的各种三维建筑应用软件。例如，匈牙利的一家公司开发的建筑设计软件 ArchiCAD，美国公司推出的 MicroStation Architecture 等，在当时，虽然 BIM 这一名词还没有出现，但是各大公司推出的这些软件都已经具备了与 BIM 相关的物理特征和功能。经过多年的发展，最终在美国的 Autodesk 公司收购了 Revit 公司后，2002 年首次提出了 BIM 概念，同时推出了相关的 BIM 软件。自此以后，各种关于 BIM 的软件纷纷出现，而 BIM 也成为建筑行业的焦点。

随后，国外的一些相关机构和高校加强了对 BIM 的研究，一些发达国家也开始在建筑行业中推行 BIM 技术以及相关软件。自 2007 年以后，美国、芬兰、英国、德国、挪威等国家的 BIM 软件的使用普及率已经达到了 70% 以上。在亚洲地区，日本、韩国等国家在 BIM 技术的应用能力上逐渐走到了世界前列。

对于我国来说，在 BIM 诞生几年之后，我国开始引进 BIM 技术以及相关的软件，BIM 逐渐被认识和发展。在 2008 年奥运会和 2010 年的上海世博会中，我国使用了 BIM 技术修建了一些体育场馆，在奥运会和世博会的推动下，BIM 在我国建筑行业的重视度迅速得到提升。国内的一些建筑企业把 BIM 技术的应用作为企业自身发展重要目标之一，使 BIM 从试验阶段进入实际应用阶段。因此，市场上使用 BIM 技术的工程项目越来越多，如上海中心大厦、广州西塔等。

六、BIM 技术的应用现状

BIM 技术研究在我国的起步较晚，相较于发达国家还比较落后，但是近些年来随着科学技术的不断发展，我国在 BIM 技术应用方面取得了一定的进展。

（一）BIM 技术的应用现状以及存在的问题

1. 我国建筑行业的现状

我国的经济从改革开放以来发展十分迅速，在一段时期内，我国经济增速超过了 10%，而快速增长的经济也带动我国各个行业的发展，特别是建筑行业发展迅猛。当前，我国还处于发展阶段，基础设施建设任务还比较重，这对于我国建筑行业来说无疑是一个发展的机遇，并且从这几年的实际情况来看，我国建筑行业也抓住了这次发展的机遇，在施工、管理等方面取得了很大的进步。但要注意的是，虽然我国建筑行业的发展取得了很大的成功，但是其中存在的一些客观问题我们也需要高度重视，最突出的一个问题就是我国建筑行业的发展虽然迅速，但总体来说还是一种粗放型的发展，这是我国建筑行业几十年发展过程中一直存在的最大的问题，直至今日也没有一个有效的解决方案。而这种粗放型的发展模式使建筑行业的能耗在不断增加，工作效率在不断下降，使成本不断上升，这是不符合我国实行的可持续发展政策的。根据相关的调查显示，在我国当前的建筑行业中，能耗很高的建筑已经占到了总数的九成以上，这与现代建筑提出的低能耗、高效率的目标不符，与其他发达国家相比，我国建筑行业在采暖能耗、钢材能耗、混凝土能耗等都远远高于发达国家。对我国建筑行业进行分析可以发现，造成这样的结果的主要原因体现在以下两个方面：第一个方面是因为我国管理理念的发展远远要落后于发达国家。我国最早引入工程管理的概念是在 20 世纪 80 年代，发展至今还不足 40 年的实践，因此，其中的理论更多的是借用西方发达国家的管理经验，没有形成自己管理系统。而西方国家早在 19 世纪就开始进行管理方面的研究，经过多年的发展，不管是在研究方面还是在实践方面都比我国发展得更加优秀和完善，因此，在西方发达国家，管理这一概念已经深入人心，并且人们对管理的效果也十分信任。但是我国却不一样，由于在发展早期，我国并没有相关的理论支持，导致了大部分人在进行管理的过程之中没有可以参考的标准，更多的是借助积累的经验进行管理，而这种经验主义对我国建筑行业的影响十分深远，直至今日，还有一些管理人员在进行建筑工程管理的过程中，习惯地依靠自身的经验来进行管理，不信任管理对于建筑工程项目的作用。这样就使我国的建筑行业的管理在粗放式的管理之中不能够摆脱出来。第二个方面就是当前我国建筑行业的信息化水平还比较低。众所周知，当前这个时代是互联网时代，是信息化时代，在这一阶段，信息化已经应用于我国各行各业中，我国建筑行业随着信息化时代的到来，其信息化水平相较于从前已经有了较大幅度的提升，但是和西方的发达国家相比较，我国建筑行业信息化水平还处于比较低的水平，不能够满足当前时代的需求。根据相关的调查，在我国的建筑行业中，真正在施工中用到计算机信息化手段的项目少之又少，对于先进的信息化管理手段的应用更是稀少。

2. BIM 技术在美国的应用现状分析

从前述的内容我们已经知道，美国是最早提出 BIM 技术这一概念的国家，同时也是当前应用 BIM 技术最成功的国家。虽然在亚洲地区，如新加坡、日本等地区在 BIM 技术应用方面也取得了不小的成功，但是与美国相比较，这些国家还存在着不小的差距。基于此，研究美国当前 BIM 技术应用的现状，能够比较全面地了解美国 BIM 技术的整体发展情况，能够为我国在 BIM 技术方面的应用和发展提供更多的帮助，及时地发现我国和美国之间的差距以及发现我国当前还存在哪些方面的问题，同时借鉴美国发展的经验，吸取其中的教训，为我国 BIM 的发展树立发展的目标。

我们知道，美国 20 世纪 70 年代就开始研究 BIM 技术，最初 BIM 技术被称为建筑描述系统，是 BIM 技术的雏形。随后 2002 年，BIM 这一名称才由美国的 Autodesk 公司正式提出。从 70 年代开始，经过近 50 多年的发展，BIM 在美国已经得到了民众的认可，在很多的建筑企业中都会使用 BIM 技术，与此同时，BIM 技术也得到了美国政府的大力支持，不仅仅为围绕 BIM 技术发布了一系列的 BIM 技术应用标准、政策以及指南，还积极地引导企业成立 BIM 协会。另外，美国的计算机技术起步比较早，发展至今一直处于世界领先地位，使美国的很多行业都得到了飞速的发展，但是建筑行业确是其中的例外，计算技术的不断发展并没有使建筑行业中的工程规划、设计、施工等方面的技术出现太大的变化。但是计算机技术的飞速发展带动了美国的信息化的发展，因此，美国建筑行业在信息化方面已经发展到了一个成熟的阶段，能够将很多的理论研究成果有效地转化为实际生产力，使建筑行业的发展出现了根本性的变化。在美国建筑行业发展的过程之中，美国政府为了能够大幅提升建筑行业的生产效率，在全国大力推行信息化手段，BIM 技术就是其中最具代表性的技术之一。并且，美国管理局还为 BIM 技术制定了一系列的标准和计划。事实证明，美国这一决策是非常正确的。

3. BIM 技术在我国国内应用现状分析

与美国相比较，我国的建筑行业是一个十分庞大的组织，其中存在着各种不同类型、不同规模的建筑企业。对于 BIM 技术来说，目前在我国建筑行业之中的应用还处于起步阶段，其中的一些项目应用了 BIM 技术，主要是集中一些大型的建筑工程项目中，这些项目由于规模较大，有政府在资金以及技术上的支持，如奥运会期间的大型体育场馆、奥运村、上海世博会等都应用了 BIM 技术，并且取得了很好的效果。但是对于我国其他建筑企业来说，由于种种原因，BIM 技术对于这些建筑企业来说还是一种应用极少的技术手段，在建筑行业之中并不广泛，还具有很大的发展前景。事实上，在 BIM 技术中，技术方面并没有涉及一些十分高难度的技术，但是要在一个行业中进行推广，就必须要得到该行业中从业者的认可，最为关键的是要将这种理论融入建筑设计师的理念之中，这是需要一定的时间的。我们知道，BIM 技术对于行业的标准化和规范化来说有着比较高的要求，但是从目前来看，我国建筑行业中的一个最大的问题就是由于粗放型发展，因此行业不规范，在这种形式下，要想将 BIM 技术推广到建筑行业之中是十分困难的。图 1 - 11 显示的是我国 BIM 技术应用的概况。

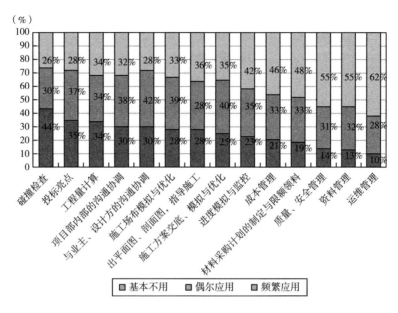

图 1－11　国内 BIM 技术应用概况

随着近些年来世界各国之间的交流越来越频繁，BIM 理念已经开始被我国建筑行业逐渐接受，并应用到其中。国内的一些著名的建筑都使用到了 BIM 技术，并且成立相关的 BIM 技术小组。在我国北京、深圳、上海等发达城市也相继出现了 BIM 技术的咨询公司和相关的培训机构。除此之外，在建筑工程管理之中，各个环节也逐渐出现了更多应用 BIM 技术的案例，实现了从无到有的发展。

BIM 技术的应用范围广泛，类型也比较多，如管线设计、BIM 建模等，但从目前来看，BIM 设计是应用最为广泛的，也最为成熟的一种技术手段，更是各种 BIM 应用类型中的基础。但是从我国情况来看，大多数建筑企业对于 BIM 技术的应用还停留在表面上，甚至有些单位仅仅以此为噱头来吸引客户，实际上根本没有掌握相关的 BIM 技术，更别说对 BIM 技术的实际应用。因此，我国建筑行业在 BIM 技术的应用方面还处于十分落后的阶段。目前，我国建筑行业中主要在做 BIM 技术方面的企业能力对比如表 1－2 所示。

表 1 – 2   我国建筑行业在 BIM 技术方面能力对比

BIM团队＼优势	根据规范 BIM 设计	基础建模	深度应用（优化与模拟）	出图能力	标准体系	协调性	可视化（渲染）
咨询公司 BIM 团队	无	通常识图能力一般只能翻图，且容易出现错误	根据用户要求，软件使用能力比较强，有二次开发能力	差	缺乏系统标准体系，主要在围绕国际和用户做工作，比较广	只能服务雇主，很难协调其他方	具有软件优势一般渲染视频动画做的比较好
设计单位 BIM 团队	好	具有 BIM 设计之后出图的能力，也有部分翻图，对设计规范熟悉	侧重设计、建筑本体的计算，可在设计角度一些净空分析等工作	强，符合规范	有符合设计的企业 BIM 标准	可以部分协调业主与施工方	能做
总包企业 BIM 团队	一般	具有一定识图能力，在建模过程中考虑细则关系	根据施工条件进行深化设计、工程量计算、方案模拟等应用。具备开发能力	强，符合现象需求	有符合施工企业和项目部的 BIM 标准体系	与施工各方发生联系，具有协调优势	能做

目前，国家已经意识到 BIM 技术对建筑行业发展的重要作用。首先，我国的建筑数量巨大，是不可争辩的事实，这就使我国的建筑行业需要大量的信息传递和交换，但是这样的情况又会导致信息交换和传递出现错误的概率提升，进而给建筑行业带来比较严重的损失，而 BIM 技术能够有效地保存整个信息，在信息传递和交换的过程中减少了错误出现的概率，能够很好地解决这一问题。其次，我国当前倡导的是建筑节能，这不仅是从环境保护的角度出发，更是从可持续发展的角度出发的，而 BIM 技术在建筑行业之中的应用正是符合这

些发展目标。最后，信息化时代的到来使各个国家十分重视信息技术和信息管理，而 BIM 技术能够在建筑行业应用中满足国家信息资源信息化的需求。

从前述内容我们能够看到 BIM 技术对建筑行业发展的重要作用，但在我国建筑行业中的发展却不是一帆风顺，存在着许多的困难，究其原因，主要体现在以下几个方面：一是虽然二维的设计方法相较于 BIM 的三维设计来说存在着众多的缺陷和不足，但是对于我国的建筑行业来说，二维设计方法并没有对建筑工程管理造成难以忍受的影响，如使用二维图纸进行设计时需要进行不断设计变换，但是因为设计变换而导致的工期延后以及相应的经济损失都还在施工方的承受范围之内。另外，当前设计院的工作量巨大，难以抽出时间和精力来进行 BIM 三维设计的相关的培训，进而就导致难以将 BIM 技术转化为实际生产力。二是从 BIM 技术的软件介绍中我们知道，要想有效地应用 BIM 技术，需要相应的软件作为技术支撑，但是从我国的情况来看，我国本土的软件公司在这一方面的研究十分有限，而要引进国外的相关软件又要考虑到国外软件和我国建筑行业实际情况相匹配的问题，从实际情况来看，国外的软件和我国建筑行业的事情难以相匹配。因此，设计公司要想使用 BIM 技术来进行工程设计就必须要自己进行软件开发，但是这样就会大幅增加设计的成本，因此一般的设计公司是不会选择这种方式的。三是 BIM 技术要想在我国建筑行业中得到广泛的使用，仅仅依靠一些企业自身的努力是远远不够的，更加需要政府的支持和主导，打破行业中原有的规则，重新建立一种新型的模式。但是就目前而言，我国的建筑行业对 BIM 技术的应用缺乏政府的主导。四是国内建筑行业中的不同建筑企业本身的情况是差距较大的，难以进行统一的协调管理，具体来说就是难以使用强制性的规则来要求建筑行业必须应用 BIM 技术。五是当前的 BIM 技术还存在着一些问题，一些功能还没有完全实现，没有处于一种完全稳定的状态，这样使人们难以完全信任 BIM 技术。

（二） BIM 技术中的风险分析

前面阐述了一些 BIM 技术对我国建筑行业发展的益处，但是从整体上来看，BIM 技术在实际的工程管理过程中还存在一定的风险。

1. BIM 技术的风险分析

首先是因为机制以及责任问题带来的风险。当前阶段，我国还没有明确关于 BIM 技术应用的法律法规。BIM 技术本身就存在一些技术风险，并且因为技术风险还会导致一些管埋风险，再加上 BIM 技术在应用的过程中将会改变原本的工作流程，这样就必将会影响到其中一些人的或者一些组织的经济利益，这些利益损失还没有相应的补偿途径，这样就会使设计师对 BIM 技术产生抵触情绪。因此，如果没有相应的体制作为保障，强行在建筑工程管理之中应用 BIM 技术是没有任何意义的。另外，在应用过程中还会存在责任分配带来的风险。BIM 技术在应用中会涉及该项目的所有参与方，而其中存在的各个参与方应该如何分配责任、应该由谁来负责 BIM 技术的建模、不同专业划分的标准是什么等问题都使 BIM 技术难以在实际的建筑工程建模中实施。此外，由于没有明确的责任分配，工程项目的参与方都会以自己的利益作为出发点来衡量工程的施工，就难以做到公平、公正，这就增加了 BIM 技术应用的风险。

其次是因为二维技术和软件兼容性引发的风险。从目前我国实际情况来看，我国大部分建筑工程项目的成果都是通过二维图纸的形式展示出来的，但是 BIM 技术对于二维图纸的成图方面存在缺陷，即对一些细节方面的处理不够精确，这样就使 BIM 技术难以精确地表达出二维图纸的所要表达的内容，十分容易引起一些应用风险。针对这一风险，相关机构可以加大在这一方面的研究力度，一是可以改变当前二维图纸在设计成果方面的呈现现状，发展出更加适合 BIM 三维模型的设计成果；二是可以在 BIM 技术方面下功夫，补足缺陷，强化二维设计的图档功能。另外，在应用 BIM 技术时还对软件有着兼容性方面的要求，如果每一个建筑工程的参与方都使用不同的 BIM 软件，那么在后期最终的结果能否进行信息的互换和共享，不同软件在信息共享之后是否会出现信息错误等问题都会引发一定的风险。

最后是因为时间和结果的不确定引发的风险。从我国的实际情况可以看出，我国的建筑工程项目普遍有着工期短、任务重的问题。因此，返工、误工、延期对于建筑工程来说是十分常见的问题，会直接影响到施工单位最终的经济效益，而在应用 BIM 技术时也会遇到这样的问题，这是因为初步应用 BIM 技术的过程中必将会遇到各种各样技术方面的问题，这些问题就会导致出现返工、误工、延期等问题，导致建筑项目无法按时交付，这就是因为时间所导致的 BIM 技术应用风险。另外，在 BIM 技术应用的过程中并不能直接应用到项目之中，而是在应用 BIM 技术之前就需要对建筑行业中的人员、结构、设施以及管理进行比较大的调整使其符合 BIM 技术应用的要求，但是这些调整或者整改需要一定资金的支持才能够进行，而应用 BIM 技术能够给企业带来的利益是短时间难以看到的，因此能否超过前期的投入成为人们担心的一个问题。在这样的情况之下，BIM 技术的应用就会存在结果不确定的风险。

2. 当前 BIM 技术面临的挑战

首先，当前 BIM 技术应用面临的第一个挑战是在 BIM 技术培训方面比较困难。虽然 BIM 技术没有涉及一些高难度的知识和技术，相较于传统的二维设计方法，BIM 技术本身还是具有很大难度的，这就导致建筑行业中的少部分人掌握 BIM 技术是可行的，但是要想在建筑行业中全面推广这个难度却是很高的。并且，我们知道 BIM 技术是以模型构建为基础的，这对于设计师来说需要设计师具备较高的数学水平，同时需要掌握相关的编程技术，这些对于大部分设计师来说都是短时间以内难以完成的任务，就会使 BIM 技术的应用难度增加。另外，还要注意的是，BIM 技术的应用不仅仅是在技术方面将建筑设计的二维方法转换为三维建模，同时它还改变了建筑行业当前的管理模式。在原来的管理模式中，不同专业领域的设计师只需要完成自己分内的设计任务即可，但是现在却变为多方共同参与，要将平面设计图纸变为三维模型。这样就需要设计师本身必须要改变自身的已经具备的硬软件系统，更要改变自身的设计方法、思维方式以及工作方式，这是需要时间的，不是能一蹴而就的。

其次，当前 BIM 技术应用面临的第二个挑战就是当前的 BIM 技术难以支持和满足 BIM 技术长远的使用需求。从目前的情况来看，在一般情况下，BIM 软件开发公司提供给客户的技术支持和技术服务是阶段性的，具体来说就是软件开发公司会在一段时间内为客户提供技术服务和支持，如果超过了期限就不会再提供技术的支持和服务。在这样的情况下，软件公司就需要对客户进行培训，使客户掌握 BIM 技术相关的使用方法以及遇到问题时的解决方案，但是这种培训需要在合适的环境中进行。另一种做法就是设计单位自己组织自己的 BIM 技术小组，通过自己内部的员工提供技术方面的支持，但这种方法并不是在所有的设计单位中都是可行的，一般情况下只有那些实力较强的单位才能够使用。对于那些较小的设计单位来说，这些都是他们在应用 BIM 技术时遇到的挑战。

最后，第三个挑战就是目前市场上 BIM 软件种类较多，建筑行业难以选择到适合自身的软件类型。在当前阶段，市场上有很多的 BIM 软件，单单是 BIM 建模软件就有很多的种类，与其相关的软件更是类型众多，这样就使得企业在选择时难以抉择。另外，BIM 软件的价格相对来说比较昂贵，相关的培训以及前期的资金投入比较多，如果在选择时建筑企业没有选择到适合自身的 BIM 软件，必然会给企业自身带来经济上的损失，使很多企业在选择时举棋难定。除此之外，当前的许多 BIM 软件系统还不够完善，特别是对于我国建筑行业来说，有相当一部分的 BIM 软件存在着很多的问题。这主要是因为当前很多的 BIM 软件是由国外引进的，其中的一些使用规则和我国的建筑行业实际情况有着比较大的出入，不能够满足我国建筑行业的发展需求。

七、建筑工程项目管理的概念界定

（一）建筑工程项目管理的定义

美国项目管理学会对于广义上的工程项目管理的定义是：工程项目管理是将技能、理论知识、技术以及工具等应用到工程项目中的综合过程，其目的是满足利益相关者的期望和需求。而利益相关者对于工程项目的期待以及需求会不可避免地包含有竞争，其中包括工程项目的时间、范围、成本以及质量等。在一般情况下，我们可以将工程项目的全生命周期分为三个阶段，即决策、实施以及使用阶段。其中，在决策阶段的管理被称为开发管理，在实施阶段的管理被称为项目管理，在使用阶段的管理被称为设施管理，在我国也习惯称为物业管理。图 1－12 显示的是建筑工程项目全生命周期管理。

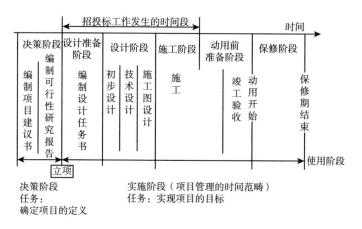

图 1－12　建筑工程项目全生命周期以及对应管理

（二）建筑项目工程项目管理的特点

相较于一般的制造型企业生产过程来说，建筑工程的生产过程有着其独有的特点，如图 1-13 所示。

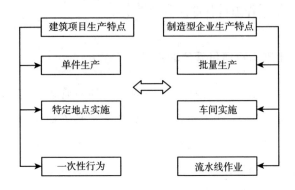

图 1-13　企业生产建筑工程项目的特点对比

建筑工程项目管理的特点是由工程管理中的基本特征决定的，即一次性特征，由于建筑行业的这一特征，因此工程项目管理着在计划和实施的过程中，必须要从工程项目的实际情况出发，根据实际情况去解决和处理工程项目管理过程中出现的实际问题。因此，工程项目管理就是在别人总结的相关经验以及知识的基础上，不断地学习并创造性地使用工程管理实践。工程项目的生产不同于制造企业的批量生产，它是一种一次性的、单件的特殊产品，在不同的工程项目中，由于施工图纸、施工条件以及施工工艺的不同，其生产也不可能一模一样，并且其生产过程中的成本以及其他方面都是有着千差万别的，难以按照相同的模式或者流程来进行评价以及生产。

建筑工程项目发生在特定的地点，受到环境、质量、设备、气候、投资以及时间等方面的限制，因此其过程往往跨度很大，由多个阶段所组成，如果其中的某一个阶段出现了问题，那将会影响整个工程项目目标的实现。

正由于建筑行业的这些特点，从目前来看，建筑行业中对于信息技术的开发以及相关信息产品的应用比较差，这样就使建筑行业相较于制造业存在很大的数字鸿沟。在传统的工程项目管理中，其信息交流需要各参与方与多方进行信息的传递和互换，在这样的信息传递过程中，十分容易出现信息失真、信息错误的情况。而在BIM技术的支持下，能够将各参与方的信息集中于工程项目的模型中，进而实现信息之间的传递、互换以及共享的效率，能够减少甚至避免信息丢失、失真以及错误的现象发生，如图1-14所示。

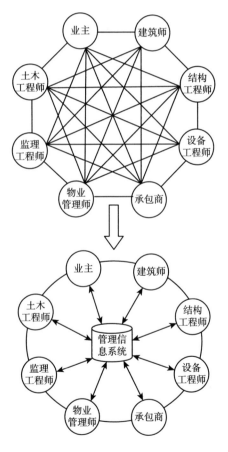

图1-14　不同模式下建筑工程项目信息途径的转换

（三）影响工程项目管理的主要因素

1. 工程参与人员方面的影响因素

工程人员是工程项目开展的主体，是工程项目管理最主要的影响因素。这主要是因为以下原因：一是对管理层来说，如果在决策上出现了失误，那将会极大地影响工程管理的各个方面，反之，一个正确的决策能够为该工程项目顺利进行打下扎实的基础；二是工程人员本身综合素质，如职业素养以及专业水平等都会影响到工程项目的管理水平。

2. 材料以及设备质量方面的影响因素

在施工中，如果施工的材料以及相关设备达不到工程的要求，将会直接影响施工的进度和整体质量，因此，在施工过程中，事先做好材料验收工作、设备检查维护工作是十分重要的。

3. 施工方法方面的影响因素

在建筑工程项目中，施工方法是否正确也是一个影响工程项目管理水平的重要因素，例如，如果施工方所制定的计划在指导性、全局性等方面考虑不够周到，那将会直接影响工程的质量以及相关进度。因此，在设计、制定、审核以及实施施工方案时，必须要考虑技术、工艺、经济以及操作人员等多个方面的因素，保证施工工艺的可行、造价的合理以及施工的便捷。

4. 环境方面的影响因素

环境作为一种不确定的因素对于工程项目管理也是不可忽视的。例如，在建筑工程项目施工的过程中，如果产生大量的粉尘就可能会影响到工程项目地点附近居民的生活和出行，进而引起不必要的纠纷；如果在施工过程中产生了大量的污水或者其他类型的污染物，如垃圾等，处理不当在引起纠纷的同时还会影响周边的环境，最终影响到企业的名誉；如果在施工过程中遇到比较恶劣的天气，如大雨、大风、浓雾等，就会对施工的进度以及质量形成阻碍，也会对施工地点附近的河流等造成影响。

（四）工程项目管理中存在的问题

随着技术以及管理理念的不断发展，工程项目管理水平不断得到提升。但是在传统的工程项目管理中依然存在管理混乱、质量事故频发等问题，尤其是近些年来出现了更多重大的工程质量事故，不仅造成了巨大的财产损失，还造成了极其不好的社会影响。这些事故都与工程管理不到位有着密切的关联，也从侧面反映了我国工程管理中的不到位、不规范的情况还依然存在，表明我国在这一方面与发达国家相比还存在较大的差距。

1. 进度管理方面存在的问题

从目前来看，虽然进度管理有着十分详细的计划以及有着先进理论作为支撑，但是当前的进度管理依然还处于粗放阶段，其中进度滞后、延误工期等现象仍有很多。究其原因，是因为在工程项目建设的过程较为复杂，影响工程进度的因素有很多，如地理位置、施工的工具、管理人员的管理能力以及劳动力等都会导致进度计划的控制不足、管理没有到位的现象发生。

2. 成本控制方面存在的问题

成本控制方面存在的主要问题之一是成本管理和控制的体制不健全。在大多数的工程项目中，其内部的岗位职责没有与项目成本挂钩，更没有具体和明确的成本管理责任，这样就使项目管理人员自身的利益无法与项目成本之间紧密联系起来，没有形成健全的责任、权力以及利益三者对等的成本管理体系。

另一个问题是工程项目成本意识较为薄弱。从目前来看，大部分的工程管理缺乏成本控制意识以及相应的手段，如对于质量控制来说，一些工程项目的质量人员为了保证工程质量采取了一些虽然可行但是不够经济的技术手段。

缺乏对工程项目实施全过程的成本控制也是成本控制方面存在的一个主要的问题。在工程项目中，大多数的施工企业忽视事前控制以及施工过程中管理，往往知道项目进行到一定的节点或者已经竣工时才会进行成本核算，这样的成本控制效果可想而知。

缺乏对工程项目的质量成本的控制和管理也是问题之一。从目前来看，我国建筑行业中分包、转包的现象仍然很多，在这些行为实行的过程之中，压价往往会伴随着偷工减料现象，这样就会对工程项目造成严重的负面影响。

3. 质量安全管理方面存在的问题

首先，在质量安全管理方面，管理体系还存在很多不完善的地方，政府对工程项目的监督机制没有发挥出应有的作用，目前在质量安全管理方面往往是依靠企业自身进行控制。

其次，质量安全管理意识较为薄弱。在目前的工程项目质量安全管理中，大多数管理人员都是通过自身的经验来进行安全管理，没有采用更加系统的管理方法来进行管理，十分容易发生问题。

再次，质量安全管理方面存在技术困难。质量安全管理是一种动态管理，但目前大多数企业都是事后管理，并且往往不能够从工程项目的实际出发。

最后，质量安全管理的经费有所不足。当前的许多施工企业对质量安全管理不够重视，相关的监督机制也存在漏洞，因此，很多工程项目在质量安全管理方面的费用往往会被承包商作为自身的经济利益进行挪用。

4. 协同工作方面存在的问题

在协同工作方面缺乏足够的信息沟通以及共享。我们知道，一个工程项目要想成功必须依靠各参与方的协同配合，但是在传统的二维图纸和文字说明中无法实现信息的同步交流和共享，因此，容易导致设计和具体施工发生脱节现象，进而导致工期延误、成本增加。

八、基于 BIM 技术的工程管理的概念界定

在谈及建筑工程管理并进行理论方面的研究和分析时，一般要

从三个方面进行切入：一是针对工程管理模式的研究和分析；二是针对工程管理内容的分析和研究；三是以工程项目全寿命周期的研究。其中，在管理模式研究和分析上一般侧重于管理的具体手段和方法；管理内容一般侧重于三大控制，即投资、质量和进度；管理生命周期研究一般侧重于工程项目的不同阶段来进行，一般情况下分为三个阶段，即设计决策阶段、工程施工阶段以及运营管理维护阶段。

（一）传统工程项目管理理论

在当前的以施工方为主的工程项目管理中，其中，工程项目开发管理、业主方工程项目管理以及工程项目管理和物业管理三个阶段是相对独立的阶段，其执行的主体是不断发生变化的，其之间的关系如图1-15所示。

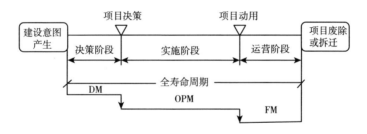

图1-15　传统全寿命生命周期管理模式示意图

图1-15中显示的这种管理模式对于业主以及建设方来说，存在较大的弊端。这些弊端主要体现在以下几个方面：第一，在传统工程管理中三个阶段的管理为工程项目开发阶段、工程项目管理阶段以及物业管理运用和维护阶段，这三个阶段不是相互联系来进行的，每一个阶段都是相互独立的个体，每一个阶段都有自身目标，并基于该目标来展开相应的工作。但阶段目标都是以自身最大利益为工作目标，而工程项目寿命周期目标无法得到有效执行。第二，传统的工程项目管理是以合同的形式规定任务和目标来进行三大控制，在工程项目完

成之后运营和该阶段没有直接的关系，并且不会考虑企业的最终运营目标，这样就使工程项目建设的最终运营目标在各个阶段难以得到有效的落实和实施，最终导致在工程项目建成以后无法达到预期的运营目标。第三，因为每一个阶段相对独立，这样就使每一个阶段之间缺乏及时的信息交流和沟通，导致不同阶段在交接的过程中经常出现信息不对称，发生信息流失或者缺漏的现象，进而导致下一阶段的工作遇到本来不应该出现的问题。总的来说，信息没有实现真正的集成化统一管理。第四，由于工程项目开发管理、工程项目管理以及物业和维护管理三个阶段都是业主和不同的主体来签订合同的，而这些主体之间并没有存在管理和被管理的关系，要想实现他们之间的交流沟通以及协调管理基本上是不可能实现的。第五，由于每一个阶段都是独立进行的，并且没有统一的信息交流和转化平台，这使不同阶段需要进行多次的信息传递和转化，在这个过程中十分容易造成信息失真的现象发生，并且还耗费了更多的人力、时间以及各种资源，最终导致效率低下，影响最终目标的实现。

（二）基于 BIM 工程项目管理理论及其界定

基于 BIM 的工程项目管理是一种全新的管理理念和方式，简称为 LCIM。这种管理模式是在新的管理理念的指导下，在总目标的基础上对各个子目标进行统一化、信息化的管理，通过 BIM 技术的优势将所有阶段集成到一个数据模型之中，进而进行工程项目的有效管理和控制。

我们可以通过 BIM 技术将每一个阶段集成到 BIM 数据模型之中，将三个阶段统一到同一个平台之上，实现信息传递的无缝衔接和流动，这样既能克服传统模式的缺点，更能实现工程项目的整体目标。另外，在这个统一的平台上，所有的参与方，如业主、施工方、设计方、监管方以及物业管理方都能够通过该平台针对某种问题提出自己的见解和看法，而这些见解或者看法能够及时地通过统一的标准进入

BIM 系统平台之中，使相关的主体及时地得到这些信息，进行相对应的补足和调整，直至大家满意。

第二节　国内外研究现状

自 BIM 概念被提出以后世界上关于 BIM 的研究量大幅增加。经过文献查阅后发现，对于 BIM 的研究大致可以分为三种：第一种是以 IFC 标准为基础开发 BIM 技术平台以及 BIM 工具系统的相关研究，又被称为信息技术类研究；第二种是在规划设计、结构分析、成本预算、能耗分析、信息管理以及施工模拟等方面如何应用 BIM 技术的研究，又被称为解决方案类研究；第三种是对 BIM 价值在不同类型工程中，如桥梁工程、海洋工程、给排水工程等的具体应用以及价值研究，又被称为应用指导类研究。

一、信息技术类研究

BIM 技术的发展是与计算机技术、BIM 软件开发等方面密切相关的，所以在 BIM 这一概念被提出以后，一些学者就在 BIM 数据格式以及应用软件方面付出了巨大的努力。国外的一些学者首先对 BIM 软件技术进行了深入的分析和研究，2003 年，美国斯坦福大学推出了以 IFC 为基础的 PM4D 系统，用于对施工过程的 4D 可视化模拟，并具有成本分析、进度报告等功能。

对于我国来说，在我国颁布一系列优惠政策的支持下，我国在 BIM 技术方面取得了不错的研究成果。2008 年，学者赵毅力提出了建筑节能设计重要性和基本要求，并且分析了节能软件在建筑节能设计过程中的作用。我们知道，建筑专业中有着不同种类的软件，这些软件虽然负责不同的工作但是能够共同实现建筑节能设计的工作。基于此，赵毅力又提出并建立了建筑节能设计软件的总体框架模型，其中包括建筑节能设计功能模块和 BIM 数据平台两个部分，并且实现了 BIM 数据管理平台原型系统。这一平台不仅支持界面的交互，也支持 BIM 应用软件的开发。

2009 年，张洋以最新的 BIM 以及信息技术研究成果为基础，引入了国际标准 IFC，并以 IFC 作为 BIM 数据保存、读取、继承以及扩展的媒介，进而开发了 BIM 信息集成平台，主要用于工程管理之中的信息交换、共享以及集成化管理。该平台主要解决的问题是建筑工程项目中各个阶段和不同应用之间的信息传递问题，而信息传递问题又是整个工程项目实现全周期管理的关键环节。该平台在 2008 年被应用于北京奥运会的主场馆建设中，但该研究的缺点也是明显的，那就是缺乏与 BIM 软件的配套，并且没有深入研究施工数据的优化和调整。这也说明 BIM 技术对信息管理的功能不仅能够应用在设计领域，也能渗透到现场施工之中。

2009 年，娄喆主要针对提升建筑工程项目成本预算效率进行了研究。他指出，建筑工程项目成本预算软件应该要具备信息自动导入、数据相互交换、智能匹配、参数化成本预算、过程成本预算等功能。基于此，他提出了基于 BIM 技术的建筑成本信息模型，该模型采用与 IFC 数据标准一样的数据逻辑结构。

在随后的发展过程中，陆宁、范喆等人针对建筑工程项目中施工阶段的信息管理进行了研究，他们结合 BIM 技术，通过工程量清单计价方法，研究开发了 4D 资源动态管理系统。这一系统实现了对施工过程中的材料、机械设备以及人力等方面的动态管理，达到了成本实时监控、优化资源配置的目的。总的来说，该系统能够帮助管理人员进行成本控制，减少工程预算超标等问题的出现。

二、解决方案类研究

BIM 应用于建筑工程项目工程管理之中的主要切入点是工程项目

的信息管理，因此，一些学者对 BIM 与工程管理的相关课题进行了研究，包括一些关于 BIM 技术的概述性文章、BIM 技术应用理论文章等。

关于解决方案类的研究，华南理工大学的李建成在 2006 年提出了全面应用 BIM 技术将会对建筑工程项目产生重大影响，将会使工程项目管理工作变为质量高、效率快、集成性高的工作。而张文斌、韦文国等学者将 BIM 技术应用的流程分为：输入资料—分析资料—分享资料—同步分享资料—提供参考资料—在合理的环境中进行合作等步骤，并提出了建筑工程项目管理中应该有前期管理、项目策划管理、招标投标管理、进度管理、投资管理、质量管理、合同管理、材料设备管理等多个管理模块组成。

前述的这些观点或者文章都是一些概述性的文章，当前关于 BIM 技术应用理论思考的文章也越来越多。例如，杨宝名认为 BIM 与当前的企业资源计划系统，即 ERP 都是用于整合信息的，这两者最终会走向融合，并且两者的融合必将会为工程管理水平的提升带来巨大的价值。但是从目前的实际情况来看，BIM 软件公司更倾向于加强软件功能，以提升管理工程数据能力。张永等人提出了在建筑工程项目中应用 BIM 技术可以有效地克服传统管理模式以及相关技术中存在的很多问题的观点，他认为应用 BIM 技术能够对项目的管理人员产生全方位的影响，督促管理人员在自身素质、能力等方面做出改变，如树立起以 BIM 为核心的信息交流理念、掌握 BIM 技术、对应用 BIM 技术会引发什么样的问题有所认知等，以达到应用 BIM 技术时的工作要求。

王爱娟在 BIM 技术应用到风险管理的过程中，利用相关的 BIM 软件和一些进度管理软件相结合的方式，建立了基于 BIM 技术的项目进度风险分析模型，同时还深入地研究了应该如何基于 BIM 技术进度风险来分析问题以及如何基于案例推理技术自动生成进度计划。

孙悦在 2011 年提出了基于 BIM 的全生命周期信息管理框架体系，认为 BIM 应该由数据层、功能模块以及模型层三个部分所构成，其中，核心数据层为 BIM 数据库提供支撑，模型层包括 BIM 设计、施工以及运营模型，BIM 在工程管理中的具体应用为功能层。

张树捷在 2012 年分析了 BIM 技术在工程造价管理中的应用及其价值，认为 BIM 技术能够集中建筑工程中的所有造价信息，能够大大提升管理效率，满足管理人员随时调用信息的需求。

三、应用指导类研究

BIM 技术应用在建筑工程项目管理之中，由于其应用的范围极广，可以应用在众多的专业领域之中，如给排水工程、桥梁工程、住宅建筑工程、钢结构工程等领域。

2008 年，陶敬华通过分析 BIM 技术的发展历程，指出了 BIM 技术是建筑行业设计领域技术的一次新的革命，并且还会对建筑工程项目中的施工、运营、管理以及后期维护等阶段产生巨大的影响，同时还分析了 BIM 技术在海洋石油导管平台结构设计中的应用。

2009 年，陶敬华又对我国建筑行业中存在的问题以及 BIM 技术的优势进行了分析，并结合给排水工程设计的特点，提出了 BIM 技术在给排水工程应用的具体实施方案，还通过实践证明了 BIM 技术能够带来很好的效益。

2009 年，王韬对我国房地产项目的开发模式以及其中存在的弊端进行了分析，得到了由于房地产商业项目的工期长、综合性强、设计专业多等特点，十分适合应用 BIM 技术解决其中存在的问题的观点。通过深入分析 BIM 技术的应用以及相关实例，他发现 BIM 技术能够有效地控制建筑工程项目的工期、造价以及质量。

四、国内外 BIM 典型项目介绍

（一）国内 BIM 典型项目

1. 北京银峰 SOHO 项目

该项目位于北京朝阳区望京街，其建筑的设计是由著名的建筑设计师扎哈·哈迪亲自进行设计的。该项目的建筑总占地面积为 115392 平方米，规划建筑面积为 521265 平方米，其主体结构由三栋集商业和办公为一体的高层建筑以及三栋商业用低层建筑组成，其中最高的一栋高度达到 20 米，在该项目的建设过程中，应用了 BIM 技术，施工全程采用了 BIM3D 可视化管理。

在该工程的施工过程中，其中所涉及的 BIM 软件主要是机电专业的 Revit。具体应用在：第一，工程量计算统计方面；第二，三维技术交底方面；第三，综合布线方面；第四，变更该变量最小化；第五，4D 施工模拟方面。

该项目在 BIM 技术应用方面取得了很多的成果：第一，该工程项目利用 BIM 技术中的三维建模技术进行了个管线综合布置，并进行了各个管线碰撞检查，实现了材料的合理规划、机械设备的合理布置，进而实现了建筑空间利用率的最大化；第二，该项目利用 BIM 技术中的三维建模对其中的变更及时设计出了有效的方案，实现了在达到设计要求基础上做到变更量最小化的目标；第三，该工程项目利用 BIM 技术缓解了工长在施工管理过程中的压力，通过 BIM 技术的可视化功能进行了可视化施工管理，有效地指导了施工过程中的每一个环节，并将平面设计图纸进行了三维模型化，不仅仅降低了施工的技术难度，更重要的是使施工过程中的信息传递和协调工作更加顺利进行；第四，该工程项目利用 BIM 技术进一步优化了现场施工计划，更加合理地安排了施工人员。

2. 云南省科技馆新馆项目

该工程项目位于昆明市呈贡新区吴家营片区，其设计单位是云南省设计院，该建筑的结构类型为一类建筑，用地总面积为 99892 平方米，建筑总面积为 58995 平方米，其中地上建筑面积为 45000 平方米，地下建筑面积为 13995 平方米。整栋建筑的高度为 49.6 米，楼层为五层，其中地下一层，地上四层，局部有夹层。另外，建筑的功能包括展厅、实验室、教室、办公会议厅、报告厅、演示厅、餐厅以及一些其他的配套使用房等。

该工程项目中运用到的 BIM 软件包括：在结构方面运用了 Revit 软件、PKPK 软件等；在机电专业方面运用了 Revit 软件；在各个机构、幕墙等运用了 CATLA 软件。

对于 BIM 技术的应用主要体现在以下几点：一是工程量的计算统计；二是机电构件族的建立；三是机房优化以及碰撞检查；四是大型机械设备安装方案的模拟；五是钢结构吊装方案的模拟；六是 4D 施工模拟；七是 PKPM5D 施工管理平台的应用。

在该工程项目中，在 BIM 技术的应用方面主要取得了以下几个方面的成果：第一，该工程项目对 BIM 技术的应用，极大地提升了整个工程项目的最终施工质量以及整个工作过程的工作效率，降低了出现返工现象的概率，保证了工程的建设监督，给施工方带来了十分可观的经济利益；第二，对于这种结构的建筑，BIM 技术中独有的管线布置自动化功能为工程项目的机电管线的施工提供了有力的技术支持；第三，BIM 技术中的 3D 演示功能使工程项目中的一些重点以及复杂的施工过程能够进行模拟预演，进一步地优化了施工工艺，有效地减少了因为施工工序、技术等方面的原因所造成的材料浪费、工程返工等问题发生的概率。第四，该工程项目利用 BIM 技术中的协同工作平台，使不同专业的 BIM 工程师和现场工程师形成了更好的协调配合，为现场施工提供了有力的技术支撑。

3. 南京国际机场二期工程项目

该项目位于南京市禄口镇，是由华东建筑设计研究总院担任设计师，该项目的建筑总面积为 260000 平方米，要求满足能够年处理旅客 1800 万人次和原有的航站楼共同承担约 3000 万人次的吞吐量。该工程项目在建设中面临了多重困境，如屋面形态复杂、结构布局跨度大、结构单元超大以及下部支撑受力不均等问题。

该工程项目使用了多种 BIM 软件，如在屋盖设计中使用了 Rhina 软件，几点部分使用了 Revit 软件等。BIM 技术在该工程项目中的应用主要体现在以下几点：一是在屋盖形体定位中使用了相关的信息参数化技术工具；二是在结构设计中，将相关的设计参数结合到 BIM 数据模型的数据库中，并进行了校核和反馈，同时还进行了进一步的优化设计和三维协同；三是该项目利用 BIM 技术的强大功能，以设计好的 BIM 数据模型生成了县城专项施工图纸；四是该项目利用 BIM 技术对屋盖部分的设计图纸进行了深化设计，并且对图纸进行了校核验算。

4. 中国尊工程项目

中国尊工程项目是中信集团进行投资的大型建筑工程项目，该工程项目位于北京市的 CBD 中心，占地面积达到了 1.15 公顷，建筑总占地面积达到了 430000 平方米。其主体结构有 108 层，高度达到 528 米，现在为北京市的第一高楼，成为北京市新的地标性建筑。在整个项目的设计中，大量应用了 BIM 技术。例如，在建筑设计环节应用了偶科特公司的 Revit 系列软件。这一系列软件贯穿了整个项目设计的全部阶段，并利用 BIM 技术建立了设计模型，与传统的 BIM 管理不同，中国尊项目采用的是业主方 BIM 管理方式，充分地发挥了 BIM 技术的优势，推动了 BIM 技术的运用。

该工程项目取得的 BIM 技术应用成果主要体现在以下几个方面。

首先，在方案设计阶段，该项目通过使用 BIM 技术对建筑的尺寸信息、空间信息等进行了评价，以便进行项目的深度控制；其次，在初步设计阶段，该项目利用 BIM 技术进行了空间分析、消防交通模拟以及进行机电设备性能分析等工作，并进行了相应的优化；最后，在施工阶段，利用 BIM 技术对施工信息，包括机电、幕墙、结构等方面的信息进行了统计，尤其是对成本和时间的统计，并且基于 BIM 数据模型对工程量进行了统计和优化。

在后续的施工环节中，利用 BIM 设计阶段搭建了基于 BIM 技术协同平台，将各个施工参与方的建议进行了汇总和整合，对初期建立的 BIM 模型进行了进一步的深化。同时，各个参与方共同参与，建立起了详细和完善的实施标准，为 BIM 设计深化提供了依据。另外，在施工环节利用 BIM 技术对施工环节进行了模拟演示，将施工的计划和进度相结合，并对施工过程中机械设备以及施工工艺的选择进行了进一步的优化。

当前，中国尊工程项目已经完工，在全生命周期都采用了 BIM 技术进行工程项目的管理和控制，取得了很好的成效。

（二）国外 BIM 典型项目

1. 美国 B&W Pantex 设施

该设施造价共计 1 亿美元，如图 1 - 16 所示。

图 1 - 16　美国 B&W Pantex 设施

该项目在应用 BIM 技术时，其 CAD 图纸已经完成了 95% 左右，在利用 BIM 技术进行碰撞检查时，发现了原有图纸中含有 500 多个碰撞节点，然后通过 BIM 技术及时地进行了优化和调整，成功避免了该工程项目的返工，总共节约了大约 1000 万美元的成本费用。

2. 夏威夷大学医学研究所

该工程项目的总建筑面积为 240000 平方英尺，总造价为 1 亿美元，建筑 BIM 示意图如图 1 - 17 所示。

图 1 - 17　夏威夷大学医学研究院

该工程项目通过 BIM 技术完成建设，取得了以下几个方面的成果。

一是成本节约，该工程项目使用 BIM 技术约节省了 500 万美元的成本费用；二是进度提前，该工程项目提前了约 4 个月完工，原本预期的工期为 24 个月；三是实现了安装冲突为零、工程变更为零的突破；四是缩短了管线约 900 米，并且优化了现场的物流；五是增加了约 800 平方英尺的实验室面积；六是利用 BIM 技术实现了施工现场流程的返工实施、优化以及交付。

第二章　基于BIM技术工程管理
系统框架的构建
和技术的实现

第一节　基于 BIM 技术的工程
管理架构和管理流程

在过去的建筑行业中,信息化只是为工程管理提供了一些更加便捷的工具,并没有给建筑工程管理带来本质上的变化。而 BIM 技术作为一种先进的理念和全新的技术,它存在的根本目的就是要实现建筑项目的全生命周期的信息交换和共享,BIM 技术在传统的工程项目管理模式的应用上,不仅仅是在技术层面的更新,更是对传统管理模式的变革。所以在应用 BIM 技术之前应该先构建出一个适合 BIM 技术应用的管理框架。总的来说,只有集成相关的技术,构建出以 BIM 技术为基础的管理体系,才能够消除在传统管理模式中信息在传递和共享的过程中出现的问题和弊端,推动建筑行业信息化发展进程,提升建筑工程管理的效率。

一、BIM 的几种主要的应用模式

BIM 这一概念早在 20 世纪 70 年代就提出,并且经过了很多学者的研究和完善,但是从实际情况来看,BIM 技术在实际中的应用情况并不乐观,尤其是在我国的建筑行业中,BIM 技术的应用还处于最初的起步阶段。究其原因,主要是因为缺乏对 BIM 技术标准的了解,没有形成合理的、有效的 BIM 技术应用模式,导致 BIM 技术的应用仅仅满足了应用方的自身的利益。从目前来看,BIM 有以下几种应用模式。

(一) 设计驱动模式

在各个设计单位中,为了更好地表达出设计方案,设计单位通常会使用 3D 模型来进行方案的展示，尤其是对那些大型的、比较复杂的项目来说更是如此，如图 2-1 所示。

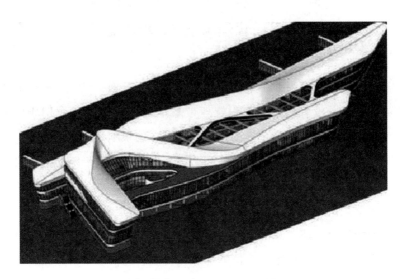

图 2-1　某体育场的 3D 设计方案展示

这种以设计为出发点的驱动模式在一定程度上加速了 BIM 的发展和进步，但要注意的是，在一般情况下，设计单位仅仅只是在工程项目的初期会利用 BIM 技术的 3D 功能，在获得设计招标以后，除非建设单位有这方面的要求，否则不会对初期创建的 3D 模型进行精细化，这样就使 BIM 技术的应用无法贯穿整个工程项目的生命周期。

（二）承包方驱动模式

在这种驱动模式下，BIM 技术的应用方主要是大型承建商，其随着 BIM 技术的发展和不断成熟而兴起。在这些大型承建商中，他们应用 BIM 技术的目标主要有两个：一是利用 BIM 技术辅助招标；二是利用 BIM 技术辅助施工管理。在投标阶段中，这些大型承建商以建设单位招标文件中的信息来制定出初步的施工方案，然后利用 BIM 技术的可视化功能对初步施工方案进行模拟，如图 2-2 所示，方便业主了解施工过程以及效果，增加中标的概率。在施工的阶段，承建商会利用 BIM 技术中的管理系统进行动态化的施工管理。总的来说，在承包方驱动模式中，BIM 技术在最初的投标阶段和施工阶段都发挥了比较好的作用，但是因为当前大部分大型承建商对 BIM 技术的了解还不够深入，这种模式还没有得到十分广泛的应用，并且由于在这种驱动模式中 BIM 技术没有在工程项目的整个生命周期实现全覆盖，因此，BIM 技术的价值没有实现最大化。

图 2 - 2　施工方案可视化模拟

（三）业主方驱动模式

在这种驱动方式中，BIM 技术能够实现对工程项目全生命周期的覆盖。首先，在规划策划阶段中，可以利用 BIM 对工程项目的景观、日照、环境、风、噪音等进行分析和优化，提升工程项目的品质。另外，这些已经量化的数据还能能够为建筑的未来的销售和租赁提供更加科学的依据。其次，在设计阶段，一是业主可以通过 BIM 技术建立 BIM 模型来作为和设计单位进行交流和信息共享的平台；二是可以对设计方案进行检测，保障设计方案的可见造型，减少延期、返工等问题的出现，如图 2 - 3 所示。再次，在施工阶段，可以利用 BIM 技术创建 BIM 模型直观地了解工程项目的施工进度来保障施工的工期和施工质量。最后，在运营阶段，在该阶段前期建立的 BIM 模型集合所有的关于工程项目的信息，如分包商、供应商等，可以方便用于工程项目的维护和应用。但是这种驱动模式也存在不足，具体来说，虽然业主能够应用 BIM 技术对工程项目进行全生命周期的管理，但目前仅仅还处于初级阶段，主要集中在设计和招标、投标的阶段，在其他阶段对 BIM 技术的应用还不成熟。伴随着 BIM 技术的不断发展和完善，以及工程项目管理的模式的不断变革，我们有理由相信业主方应用 BIM 技术必将会扩散到工程项目管理的整个生命周期中。

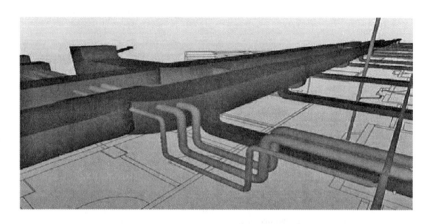

图 2 – 3   地下室消防管道和梁碰撞检测

二、建筑工程项目管理模式以及分析

（一）DBB 模式

DBB 模式指的是设计—招标—建造模式，它是目前国际上最为通用的工程项目管理模式，在世行以及亚行的贷款项目均采用这种模式，在我国也是被广泛采用的施工总承包组织模式。在该模式中，强调工程项目必须按照设计、招标最后建造的顺序来进行，只有在一个阶段结束以后才能进行下一个阶段。在该模式下，业主通常会与设计单位签订相应的设计合同，委托设计单位对该工程项目进行设计和技术分析，在设计完成之后，业主自己进行或者委托代理根据设计文件进行招标，最终经过审核选择一家施工企业来签订施工合同。图 2 – 4 显示的是各个参与方的关系。

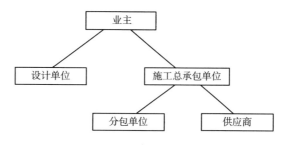

图 2 – 4　DBB 模式示意图

该模式的优点：一是这种模式的通用性很强，应用广泛，各参与方对其有着很强的认知度；二是该模式可以自由地选择咨询方、监理方以及设计方，各参与方的分工十分明确；三是该模式中的标准合同文本各参与方都十分熟悉，有利于合同的管理，能够避免因为合同的认识不清而产生不必要的纠纷。

该模式的缺点：一是在该模式下，工程项目的工期一般比较长，必须在每一个阶段完成之后才能开始下一个阶段，当所有阶段都完成后才能够移交给业主进行验收；二是在该模式下，业主在前期的投入很大，并且变更索赔现象也十分常见。

BIM 技术在该模式中的应用：DBB 模式是一种高度分离的模式，因此各参与方在每一个阶段往往会出现信息沟通交流不充分的情况，导致在一个阶段完成去开始下一阶段时会丢失一些信息或者一些信息被重复生成或者被复制，因此，在该模式中 BIM 技术的应用往往会被限制在其中的某一个阶段，这会对 BIM 技术在整个工程项目全周期发挥的作用大大减小，如在设计阶段，相关的设计单位会在该阶段利用 BIM 技术生成可视的 3D 数据模型来进行结构化设计，在施工阶段相关的施工企业会利用 BIM 技术生成 4D 数据模型进行施工过程的模拟等，但是各个阶段之间的移交就成为最大的问题。因此，在该模式中，业主应该在 BIM 技术应用过程中占据主导，最大限度地去推动各参与方应用 BIM 技术，如推动各参与方签订 BIM 合同，并要求各参与方共同参与各个阶段数据模型的建立并进行共享。

（二） DB 模式和 Turnkey 模式

DB 模式指的是设计—建造模式，是一种目前逐渐被广泛应用的工程项目管理模式，也是当前我国倡导的新兴工程项目管理模式。在该模式中，业主方将相关任务委托给唯一的实体来进行设计和建造的任务，并且该实体既要对设计阶段的设计负责，还需要对施工阶段的施工过程、施工质量负责。因此，在这种模式下，业主方首先会通过一家专业的咨询机构来代替自己进行研究和拟订建筑项目的基本要求，然后会授权一个专业知识过硬以及具备管理能力的人来作为自己的代表去与相关的承包商进行联系，其关系如图 2 - 5 所示。

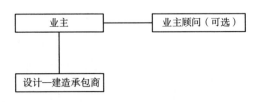

图 2 - 5 DB 模式下各参与方关系示意图

Turnkey 模式指的是交钥匙模式，这是一种特殊的设计和建造方式，具体来说就是承包商为业主方提供工程项目所有的可行性研究、设计、施工以及竣工最终移交到业主的全套服务。但是在这种模式下，业主方无法参与到建筑工程项目中设计师、工程师或者建筑师的选择中，并且业主方的代表在其中担任的角色是一种监督角色。

两种模式的优点如下：

第一，由于设计阶段和施工阶段都由一家单位进行，大大缩短了整个工程项目的周期；第二，这两种模式实现了设计以及施工信息的顺利交流和共享，强化了两个阶段之间的协作；第三，这两种模式责任分明，避免了相互推卸责任的事情发生；第四，大大降低了工程造价，节约了成本，缩短了工期；第五，这两种模式十分适合一些大型项目和一些比较复杂的项目。

两种模式的缺点如下：

第一，这两种模式下的工程成本不明确。在传统的 DBB 模式中没承包商会根据施工图纸进行报价，但是在这两种模式下承包商要根据业主或者业主委托的相关机构对建筑的描述、经济指标等的要求来提供报价，而成本只能够等设计达到一定阶段才能够确定。第二，该模式下业主对于工程项目的控制力被减弱。第三，承包商在这两种模式下可能会更多的考虑自身的工程成本，并可能会因为成本升高而降低设计的质量。第四，当前经验丰富的 DB 承包商比较少。

BIM 技术在该模式中的应用：

在设计—建造模式中能够有效地促进设计阶段和施工阶段信息之间的交流和共享，对于 BIM 技术应用来说十分有利。

（三）CM 模式

CM 模式指的是建筑工程管理模式，又称为阶段发包模式。在该模式中，业主方会聘任有着丰富经验以及管理能力较强的咨询人员来担任 CM 经理，让 CM 经理来负责整个工程项目的设计管理以及施工管理。该模式又可以分为代理型 CM 模式以及风险型 CM 模式。

1. 代理型 CM 模式

在该模式中，CM 单位是服务业主方的咨询单位。业主方和 CM

单位签订相关的咨询服务合同，CM 单位帮助业主方来选择材料供应商以及施工单位，并和两者签订合同。CM 模式和全周期建筑工程项目管理最大的不同在于，CM 单位没有对设计单位的指令权，只能够向其提供一些建议或者意见，并且对于施工单位以及材料供应商来说，CM 单位和两者也只是协调管理的关系。该模式中各参与方的关系如图 2 - 6 所示。

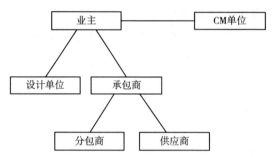

图 2 - 6　代理型 CM 模式各个参与方关系示意图

该模式的优点如下：

首先，在该模式下，CM 单位能够帮助业主方解决工程项目中的一些相关事宜，便于一些对于工程项目专业知识不熟悉的业主方进行相关管理；其次，在该模式下，CM 单位和相关的设计单位共同承担了设计质量的责任，减轻了设计单位的压力；再次，在该模式下，施工信息能够在前期就输入设计阶段中；最后，在该模式系下，一些经验丰富的 CM 单位能够有效地缩短整个工程项目的工期。

该模式的缺点如下：

首先，在该模式下，业主方选择 CM 单位增加了业主方的投资成本；其次，在该模式下，业主方和施工单位无法进行信息的直接交流和沟通；再次，在该模式下，由于 CM 单位和设计单位共同承担设计质量责任，因此可能会出现双方互相推卸责任的现象发生；最后，在该模式下，业主方会出现过度依赖 CM 单位的情况出现，但是 CM 单位之中也存在着很多的不确定因素，这样极易导致一些不必要的问题出现。

BIM 技术在该模式中的应用：

相较于 DBB 模式，因为在设计阶段就将施工信息输入设计之中，所以方便了设计阶段和施工阶段之间信息的交流和共享。但要注意的是，在该模式中，BIM 技术的应用依然还是应用在不同的阶段之中，十分需要有着丰富经验 CM 单位在其中起到协调作用，相较于 DB 模式来说还是不利于 BIM 技术的应用。

2. 风险型 CM 模式

在该模式中，一般情况下，业主方和施工单位之间没有签订合同，不存在合同关系。但存在一些比较特殊的情况，如专业性很强的工程项目，业主方也会和施工单位签订相关的合同。在该模式下，CM 单位会与业主方签订 CM 服务合同。图 2-7 显示的是在该模式下的各参与方之间的关系。

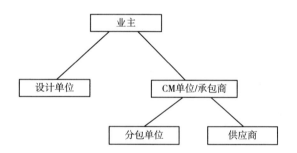

图 2-7 风险型施工管理模式示意图

该模式的优点如下：

首先，该模式可以实现工程项目的快速跟进；其次，在该模式中，施工阶段的信息能够提前输入设计阶段；再次，在该模式下，工程造价在前期就能够确定；最后，在该模式下，能够提升工期缩短的概率。

该模式的缺点如下：

首先，CM 单位和承包商两者共同承担施工的最终责任，这样就有可能出现两方都不想承担责任、互相推诿的情况；其次，由于在前期选择 CM 单位时会以资质为基础，因此会增加业主方前期的成本。

BIM 技术在该模式中的应用：

与代理型 CM 模式相比较，由于该模式中 CM 单位会担任总承包商，这样就使信息的交流、交接出现失真、错漏的情况大大减少，更加有利于 BIM 技术的应用。但是总体来说，无论是代理型 CM 模式还是风险型 CM 模式相较于 DB 模式，在 BIM 技术的应用方面仍然不如 DB 模式。

（四）IPD 模式

IPD 模式指的是一体化工程项目管理模式。在传统工程项目管理模式中，其存在一个天然的缺陷，那就是各参与方的最终目标和整个工程项目的最终目标往往不一致，各参与方都是以自身的利益为出发点来制订目标，因此各个方面的集成度交底，存在着信息严重不对称以及利益冲突的问题。

IPD 模式又被称为综合工程项目交付模式，是近些年来一些发达国家建筑行业，尤其是美国建筑行业中新兴的一种建筑工程项目管理模式。在该管理模式中，其核心目标就是要改变在传统管理模式中各参与方相互对立的缺点。美国的建筑师协会对 IPD 模式给出了以下的定义，即 IPD 模式就是将系统、相关人员、实践以及商业机构集成在一个过程之中，使各参与方能够充分地发挥自身的长处或者优势，并以合作的方式来优化工程项目结果、提升工程项目对业主的价值，并使各个阶段中减少资源的浪费和提升工作效率。表 2 - 1 显示的是 IPD 模式和传统管理模式的主要区别。

表 2 - 1　　　　IPD 模式和传统管理模式之间主要区别

传统项目管理和实施方法	相关要素	IPD 方法
管理分散，按照所需建立，有很强的层级制	团队	在工程项目初期由主要参与方组成团队实体

续表

传统项目管理和实施方法	相关要素	IPD 方法
分离、线性以及独立；按照所需进行收集；信息各自独有	流程	多层和并行各利益相关方信任和尊重
单方面追求最小成本和最大利益，一般情况下基于初始成本	利益	工程项目的成功和团队成功相挂钩，并且基于价值
主要单独承担，并实行最大程度转移	风险	共同分担，共同管理
二维图纸	沟通/技术	虚拟数字和 BIM
支持单方努力，并实行风险的分配和转移	合同	支持各个参与方共同承担风险，协作互助

通过表 2 - 1 能够看出，在 IPD 模式中主要是通过各参与方来共同承担风险以及收益，并且创造性的解决了在设计阶段和施工阶段中各方案执行中存在的问题，能够使各参与方在建设过程之中充分地发挥出各自在自己专业方面的优势，最终为工程项目减少浪费、节约成本。在实际的运行过程之中，往往业主方会与工程项目管理的企业方共同派出相关人员组成工程项目管理小组来负责整个工程项目的管理工作。图 2 - 8 显示的是各参与方之间的关系。

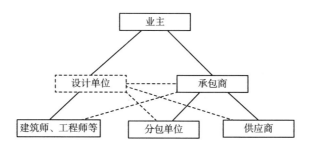

图 2 - 8 IPD 模式下各参与方之间关系示意图

该模式的优点如下：

首先，在该模式中，业主方可以以工程项目管理公司中的技术人才和管理人才为基础，发挥出管理公司的优势，促进工程项目的顺利进行，同时又能够保证自身对工程项目的决策权；其次，该模式能够有效地节约工程项目的投资成本；再次，该模式能够实现项目的设计优化，使工程项目在全生命周期内保持最低成本；最后，该模式能够在保障高质量的基础上，还能够使承办商获得对工程项目未来的收益的分配权，并缩短整个施工工期。

该模式的缺点如下：

首先，在该模式中，业主方对于工程项目的控制力度较低，且协调的难度较大；其次，在该模式中，最大的风险来自选择一个高水平的工程项目管理公司。

BIM 技术在该模式中的应用：

与传统的 DBB 模式相比较，IPD 模式能有效地提升整个生命周期的信息有效性以及价值，避免了在 DBB 模式中十分复杂的交接过程和大量的重复性工作。另外，当前，IPD 模式被认为是 BIM 技术应用的最好模式，解决了前几种模式中的各参与方相互对立的问题，而BIM 技术就是支持这种工程项目管理模式的最有效、最合理的工具，两者之间的融合主要体现在以下几个方面。

第一，BIM 技术软件方面。BIM 技术和传统的二维图纸相比，BIM 技术更加直观，更加详细，能够提供给各参与方更好的设计方案以供讨论，能够实现和 IPD 模式中各参与方的相互协同。

第二，各专业数据转换方面。在 IPD 模式中，工程项目的实施需要配合各个软件以及数据交换和整合，需要使用开放式数据格式的专业软件，如 IFC 格式。同时还要基于 BIM 的计价软件为工程项目提供工程造价的计算结果。另外，在线上交流平台方面，各参与方可以通过 BIM 技术进行数据同步浏览、信息共享来实现信息之间的高效交流。

第三，数据中心方面。通过 BIM 技术能否对多专业提交的各种文件以及数据信息进行集中管理，实现专业信息的整合和集成。

三、基于 BIM 技术构建的工程管理架构和管理流程

（一）管理架构的原则

一是全员参与以及专业分工相结合的原则。该原则要求不仅要考虑到整个工程项目的管理责任分配到项目的全体人员，还要考虑到将工程项目管理职能集中到专业人员上，尤其是那些专职 BIM 技术平台的相关管理人员。二是职责明确以及协同合作原则。该原则要求在明确了各个参建单位以及各个参与人员的 BIM 信息化相对应的管理职责的同时，还要充分考虑协同合作，保障各个职能部门和单位之间良好的交流沟通。三是管理效率和管理效果相结合的原则。该原则要求在建设的过程中，要涉及其中的建设单位、监督管理单位、设计单位等多家参建单位，各个专业、工种要交叉作业，工程项目要在全方位、全过程的控制中实现交叉协作以及沟通协调。总的来说，在多主体、多交叉的建设流程中十分容易导致效率不高的问题出现，因此管理模式应该以提高管理效率为原则，同时还要注意避免提升管理效率时带来的管理不足等问题。

（二）BIM 技术实施的人员配置

为了能够更好地实施 BIM 技术，就必须建立起合理的工程人员配置，其人员配置如图 2-9 所示。

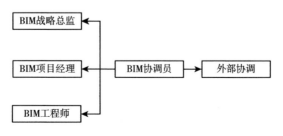

图 2-9　BIM 团队人员的配置构成

（1）BIM 工程师。

工程师在团队中的作用主要是利用 BIM 技术去完成相应岗位的工作，提升工作质量和工作效率。

（2）BIM 工程项目经理。

工程项目经理在团队中的作用主要是对 BIM 工程项目进行合理的管理、规划，保障最终质量，实现 BIM 技术应用的价值。

（3）BIM 战略总监。

战略总监在团队中的作用主要是负责企业、专业以及部门的 BIM 总体发展战略，包括组建团队、确定发展路线以及研究 BIM 技术对施工企业的质量效率和经济效率的影响。

（三）基于 BIM 技术的系统架构和流程

基于 BIM 技术的系统架构在一般情况下其工作流程如下：

（1）模型组织。要想完成对 BIM 技术的应用，首先必须根据实际情况建立数据模型，数据模型的建立通常按照专业来进行，以基础构件为基本单元，由基础构件组合成集合，再由多个集合组合成容器，而容器是一个将多个集合进行组装的文件，该文件既可以是一个没有任何基础构件或者集合的空文件，还可以是容纳多个集合的文件，它的作用就是把多个模型进行有效的链接。这种方式的最大好处就是能够灵活多变地进行模型组装，方便模型的管理，如图 2-10 所示。

（2）目录结构。将模型进行拆分，将会产生很多的模型文件，数量在几十个到几百个不等。这些被拆分出来的模型文件之间有着一定的联系，为了能够实现有效、快捷的管理，必须将这些文件进行文件目录组织，而文件目录组织需要根据项目的类型、造型以及规模来确定，但其基本的原则是按照模型拆分的方式来进行组织。另外，因为工程项目从设计到最终施工一直处于不断的变化中，所以在文件目录组织过程中还需要考虑到如"对外分享""发布""工作过程之中""存档"等状态，只有到了最终工程项目竣工交付时，才能给业主提交一个稳定的文件目录组织。

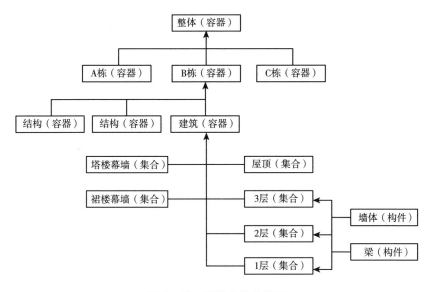

图 2 - 10　模型组装示意图

（3）模型文件命名。企业或者相关机构都会有文件的命名规则，一些企业是参照欧美标准来命名，一些则是直接使用欧美标准，如美国的 ATA、ACE 等。

（4）协同方法。当工程项目比较大时，就需要根据实际情况来进行模型划分和建立，如根据地区、规模、专业等。这时就需要协同建模，在协同建模中通常情况下有三种方法：一是工作共享；二是模型链接；三是两者混合的方法。其中，工作共享这种方法允许有多人同时进行相同模型的编辑；模型链接是独享模型，具体来说就是如果某一模型已经被打开时，其他人就不能够进行编辑，只能进行读取。在一般情况下，工作共享虽然是最为理想的一种工作模式，但是从实际情况来看，由于工作共享软件的复杂性使工作共享模式并不能有效实行，而模型链接技术十分成熟，并且性能相对稳定，因此当前一般采用的是模型链接的方式。

（四） 制定合理的 BIM 技术和利益分配制度

对 BIM 技术的运用，其中最大的受益者就是建设单位。这主要是因为在传统的利益分配制度下，施工单位以及设计单位在应用 BIM 技术时，其中产生的利润几乎会全部归还到建设单位。因此，为了能够更好地将 BIM 技术应用到工程项目管理之中，在促进各参与方应用 BIM 技术的同时，还需要将管理效率和技术方面提升带来的利润进行更加合理地分配给其他参与方，并要将其写到合同中去，以激励的形式米实现利润的重新分配，促进该管理模式实现可持续、有效的推广和应用。

第二节　工程管理中 BIM 技术实现

从目前来看，我国建筑行业的信息化仍处于初级阶段，仍然是其中某一个参建方利用网络技术掌握一些相关的管理软件来进行管理的阶段，但是由于在建筑工程项目管理中各参与方对于信息的选择过程中信息的侧重点不同，基本上都是基于自身的利益为出发点，因此，在建筑工程项目管理全生命周期内无法实现信息有效的传递和共享，十分容易形成“信息孤岛”。而基于 BIM 技术形成的工程项目管理体系能够从根本上减少或者避免出现“信息孤岛”的现象，其核心就是 BIM 信息平台，该平台主要是由 BIM 数据库、信息模型层以及功能应用层三个子系统组成，并且这三大子系统是相互递进的关系，即只有前面的系统正常进行工作之后后续的系统才能够进行工作。另外，BIM 对建筑工程项目的原始数据信息的整合、分类以及存储均按照 IFC 标准进行结构化处理，进而形成相关的扩展数据，在通过数据信息模型对这些扩展数据进行相关的定义和操作，从而形成各个子数据信息模型，然后构建出工程项目的各参与方对各专业信息模型进行利用和相关处理形成各种功能模块，各功能模块的关系如图 2 – 11 所示。

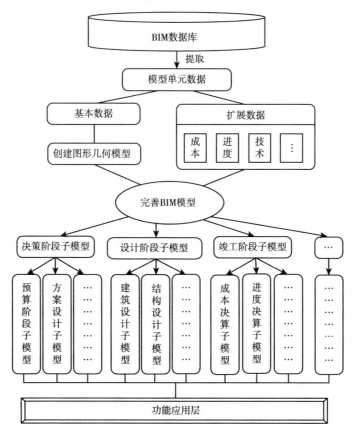

图 2 – 11 BIM 信息平台示意图

一、基于 IFC 标准 BIM 数据库的构建

（一）IFC 标准的含义和特点

IFC 标准是美国的 IAI 在 1997 年提出的面向对象的一种三维建筑产品数据标准，也是目前发展最成熟、应用最为广泛的 BIM 标准。相较于其他标准来说，基于 IFC 标准的 BIM 数据库能够更加完整和准确地存储各种格式文件，并且还能够做到信息的无错误、无缺失的

输出。在 IFC 文件中，它由多条 IFC 语句组成，并且完全按照相应的标准对建筑对象进行定义，还通过标准来定义其之间的映射关系，从而与其他语句产生联系。一般来说，基于 IFC 标准的模型有以下的特点：首先，IFC 模型的建筑工程项目信息是按照 IFC 标准中建筑对象的定义来书写的，其文件的格式为文本格式；其次，IFC 模型的建立是按照 ISO 标准来建立的，文件写法规范，容易识别；再次，IFC 模型由大量的 IFC 语句组成；最后，在 IFC 模型中，依据 IFC 语句会引用多个 IFC 语句，因此在对单个 IFC 语句进行分析时，需要获取到该语句引用其他 IFC 语句的内容。

（二）基于 IFC 标准的 BIM 数据库的数据结构

本书所构建的 BIM 数据库的数据结构如图 2－12 所示。

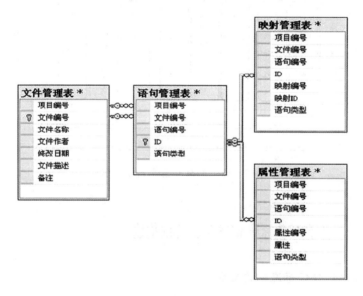

图 2－12　BIM 数据库结构

由图 2－12 能够看出，在该 BIM 数据库中主要包含四个数据表，分别是以下 4 种。

（1）文件管理表。在文件管理表中，其中的文件编号、项目编号选项，在对其进行设置时能够实现 BIM 数据库对多个工程项目信息进行集中的存储。另外，文件管理表中的文件名称、文件作者、文件修改日期以及文件描述等都是从 IFC 模型文件中解析出来的，能够方便对 IFC 建筑模型进行相关管理。同时，文化管理表中的备注是整个 IFC 模型的头文件信息，在对 IFC 模型进行输出时，可以进行相应的调用，进而来保障 IFC 数据信息模型在 BIM 数据库输入和输出的过程中保持建筑信息的一致。表 2 - 2 显示的是数据表的定义。

表 2 - 2　　　　　　　　　　文件管理表的定义

列名	数据类型	是否允许空
项目编号	Int	否
文件编号	Int	否
文件名称	Varchar（100）	否
文件作者	Varchar（100）	否
修改日期	Date time	否
文件描述	Varchar（500）	是
备注	Varchar（1000）	否

（2）语句管理表。语句管理表的主要作用是储存 IFC 文件的相关语句信息，并且语句管理中的 ID 项构和映射管理表、属性管理表中的 ID 项构成主键和外键关系，从而提升语句的查询速度。语句数据表的定义如表 2 - 3 所示。

表 2 - 3　　　　　　　　　　语句管理表的定义

列名	数据类型	是否允许空
项目编号	Int	否
文件编号	Int	否
语句编号	Int	否
ID	Varchar（100）	否
语句类型	Int	否

（3）属性管理表，属性管理表的作用是保存每一条语句所包含的属性信息，属性管理表的定义如表 2 - 4 所示。

表 2 - 4 属性管理表的定义

列名	数据类型	是否允许空
项目编号	Int	否
文件编号	Int	否
语句编号	Int	否
ID	Varchar（100）	否
属性编号	Int	否
属性	Text	否
语句类型	Int	否

在属性管理表中储存的是 IFC 语句的属性值，该管理表的建立是为了提升 IFC 模型的输出速度，在该管理表中，ID 项是语句管理表中 ID 项的外键，方便对建筑信息模型中的建筑构件进行查询。

（4）映射管理表。映射管理表的作用是保存每一条语句相应的映射信息，其定义如表 2 - 5 所示。

表 2 - 5 映射管理表的定义

列名	数据类型	是否允许空
项目编号	Int	否
文件编号	Int	否
语句编号	Int	否
ID	Varchar（100）	否
映射编号	Int	否
映射 ID	Varchar（100）	否
语句类型	Int	否

在 BIM 数据库中，因为在属性管理表中包含每一条 IFC 语句的项目编号、文件标号、语句编号属性值以及语句类型等信息，因此，

可以仅仅通过属性管理表来生成 IFC 模型的数据部分，进而加快 IFC 建筑信息的输出速度。

二、BIM 信息模型层

BIM 信息模型层是 BIM 工程项目管理信息系统中的核心组成部分，它连接着 BIM 数据库和功能应用层，其主要的功能是从 BIM 数据库中提取相关的数据，然后进行建筑信息模型的创建，并且还能够利用相关的扩展数据进行信息模型的更新以及完善，为工程项目中的各参与方提供各自需要的模型信息。

在 BIM 信息模型层中，模型图元定义了所有构件的操作以及属性，所以在建立模型的过程中，除了要将模型中的基础数据，如物理属性、尺寸大小等描述模型自身几何特征以及属性进行创建结合模型外，还要将扩展数据中的成本数据、进度数据以及项目管理有关的一些数据、信息以及资料不断地整合到几何模型中去，以逐渐完善和更新信息模型。另外，针对不同阶段的实际情况还能够生成相对应的各个阶段的子模型，如在设计阶段能够生成建筑设计子模型、结构设计子模型以及其他设计子模型等。

三、BIM 功能应用层

功能应用层的主要作用是能够实现各参与方从相关信息模型中获取到各种共享模型信息，如质量信息、进度信息、设计信息等，从而能够运用自身的 BIM 软件进行更加专业的应用，并能够通过分析得到的信息进行相互交流和共享。在功能应用层，不同的功能模块对应着不同的 BIM 应用，而 BIM 的基本理念是实现工程项目的全周期信息的共享和有效传递，因此在本书中将功能应用层分为九大模块，具体如图 2 - 13 所示。

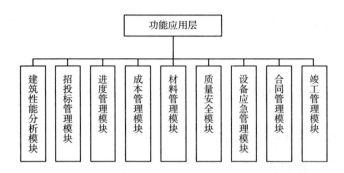

图 2 - 13　基于 BIM 工程项目管理信息平台的功能模块

(一) 材料管理模块

从目前来看, 在施工管理过程中, 虽然领料制度以及相关流程比较健全, 但是由于数据查询方面的困难, 相关的审核人员只能够凭借自己的主观判断以及少量的数据信息来判断领料单上的材料数据单上面的数字是否合理。而通过 BIM 技术, 审核人员能够同时参考大量的数据, 并能够通过软件进行整合、汇总、分析、整理等步骤, 从而得出任意材料在细节方面的消耗量。图 2 - 14 展示了基于 BIM 技术的钢筋材料管理。

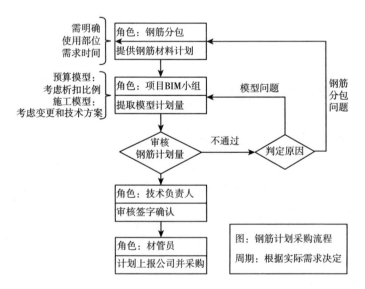

图 2 - 14　基于 BIM 技术的钢筋采购管理

（二）合同管理模块

合同管理模块是对项目合作中的策划、履行、签订、变更以及争端解决的管理，其中，合同变更管理是合同管理中的重点。合同管理伴随着整个工程项目的全生命周期的信息共享和相互传递。而 BIM 在信息的存储、共享、传递等方面能够保障信息的完整性和精确性，为合同管理带来了极大的便利。

（三）设备应急管理模块

设备应急管理模块最大的功能就是在设备遇到突发状况时，设备管理模块能够及时并且正确地获取出现突发情况设备的相关信息，然后根据这些信息做出正确的判断，对突发情况进行处理，将问题控制在最小的范围之内。从目前来看，BIM 技术在设备应急管理中主要有以下几个方面的应用。

首先，当某一设备发生故障时，只需要在 BIM 系统中找到该故障设备的射频码，再通过扫描就能够确定该发生故障的设备，进而及时地进行应急处理。其次，可以通过 BIM 系统查看维护和保护的记录、使用说明以及维护保护的具体步骤和相关流程，帮助现场工作人员确定设备的最终维修方案。最后，还可以进行实时漫游，在修理设备的同时观察周围的环境，帮助确定修复工作是否已经开始，是否能够使用相关的修复工具。

（四）工程完成管理模块

在该管理模块中，主要可以分为两个方面的管理子模块，即配合工程结算子模块和竣工资料管理子模块。

首先来看配合工程结算子模块。在该子模块中，为了能够改变容易忽视设计变更、技术核定等方面的传统做法，一般情况下需要根据时间顺序来进行相应的编号，形成表格，并且各专业的修改要做好相关的记录。对于传统方法来说，其在这方面最大的缺陷为：一是无法快速地明确每一张变更单中经过修改的部分；二是传统方法中工程量的复核耗费的时间很长，效率较低；三是在结算审计中往往会携带大量的数据资料，工作负荷较大。而 BIM 技术的出现能够很好地解决这些问题，以 BIM 技术为基础建立的数据模型，不仅能够根据相关的变更信息来调整 BIM 模型，还能够将技术核定单等资料进行有机关联，使各个单位可以通过模型便捷地调取原始变更资料，对工程项目中变更的内容做到一览无余。图 2 - 15 显示的是某项目 BIM 系统模型。

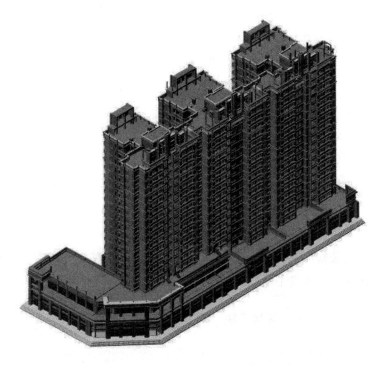

图 2 - 15　某项目 BIM 系统模型示意图

首先，在图 2 - 15 中能够看出，其中突出显示了 BIM 模型哪些部分改变了位置，并且结算人员只需要点击图中的高亮位置就能够读取其中原始数据相对应的变化。

其次，看竣工管理子模块。该子模块基于 BIM 技术的协同管理功能，能够将规划阶段、设计阶段以及建造阶段这三阶段产生的在运营阶段需要使用的资料列入 BIM 模型中，并能够将模型中的构件进行一一对应关联，使信息资料实现可追诉，如果在过程中出现了问题，通过该子模块可以对组件相关的规划、施工以及设计等阶段的操作信息进行直接检索，及时地发现问题，并对问题进行分析，实现问题的可追溯性，明确各责任主体。

第三章 我国建筑工程管理应用
BIM技术的现状、问题
及其对策分析

第一节　我国建筑工程管理应用 BIM 技术的现状与问题分析

当前，BIM 技术在我国建筑工程项目管理中虽然已经有所应用，但是从整体来看，由于种种因素的影响，当前 BIM 技术在我国建筑工程项目中应用还存在着不少的问题需要解决。

一、BIM 技术在我国建筑工程项目管理中的现状

2004 年，BIM 技术被引入我国，经过十几年的发展，BIM 技术虽然凭借着其在欧洲、美国等发达国家和地区的影响力对我国的建筑行业造成了一定的影响，但是从目前的情况来看，BIM 技术在我国建筑行业中完全使用还存在着很多的困难。我们知道，BIM 技术的核心理念就是将工程项目中所有的数据信息通过计算机技术进行有效的分析和整合，从而建立一个三维建筑数据信息模型，将工程项目中的各参与方设计信息、规划信息、需求信息及施工运营信息等整个生命周期的信息放入该数据模型之中，建立数据信息共享平台，然后经过数据处理过程，最终有效地完成工程项目的布置以及决策，促使工程项目目标的高效完成。

曾经 CAD 技术是建筑行业中设计的"救星"，帮助设计人员完成过很多的项目工程，但是 BIM 技术的出现，打破了 CAD 技术在建筑行业的垄断，是当前建筑工程中又一个创举，它对于提升建筑工程项目管理的工作效率和质量以及降低企业建设的成本有着重要的作用。

自 BIM 技术诞生并引进我国以来，国内的一些专门研究 BIM 技术的学者陆续发表了一些学术文章和系列丛书，引导我国国内的建筑

企业进行技术革新。并且随着我国多个科技支撑计划的陆续展开，BIM 技术在我国的一些示范性建筑中得到了应用，如全世界高度第三位、上海市的中心大厦就是全面应用了 BIM 技术，在该工程项目中主要采用了以业主方为主导的 BIM 技术，实现了 BIM 技术的核心理念，并在技术上和多个跨国软件公司进行合作，将 BIM 技术进行了系统的应用，特别是该项目中的施工阶段，该阶段在 BIM 技术的应用上对我国建筑施工企业有着十分深远的影响。

2011 年 5 月，我国住建部发布了关于建筑行业发展的纲要，该文件旨在不断推动 BIM 技术的发展以及支持 BIM 技术的研究和应用。另外，还推动了 BIM 技术在建筑工程项目全生命周期的应用延伸，同时还提倡在一些大型且复杂的工程中去推动 BIM 技术中 4D 项目管理信息系统的研究，实现建筑工程项目的可视化管理。

2013 年，我国建筑行业协会工程建设质量管理分会在全国范围内展开了针对建筑工程项目中施工阶段的第一届工程建设 BIM 大赛。在这次大赛中，符合要求的申请总共收到了 570 余份，最终评选出了 30 个获奖工程项目，在这其中有不少参加比赛的工程项目已经将 BIM 技术应用到了实际的工程项目中，也从侧面说明了 BIM 技术在我国建筑行业中的应用已经取得了一些突破和成果。2013 年 7 月，中国 BIM 技术标准制定工作正式启动，这一计划的启动对于 BIM 技术在我国的发展具有十分重要的意义。

住建部在 2015 年 6 月发布了推进建筑信息模型指导意见的通知，在该通知中提到在 2020 年年末，我国建筑行业中的设计单位，一级、特级施工企业以及甲级勘察需要实现掌握且应用 BIM 技术的目标，另外，集成化应用 BIM 技术的项目应该要达到九成以上。

2016 年，住建部发布了《2016～2020 年建筑行业信息发展纲要》，该纲要鼓励建筑行业中的企业要积极地探究在互联网时代企业经营管理的新模式，深入研究 BIM 技术、互联网技术以及物联网技术的创新应用，从而实现提升企业核心竞争力，实现企业的快速发展。同年 3 月，河南省建筑工程项目 BIM 技术应用巡回讲座在周口市举行，在此次讲座中，二建质量部总经理讲解了 BIM 技术在二建集团的应用以及相关实例。这说明了 BIM 技术在我国建筑行业中已经得到较好的应用和宣传，BIM 技术在我国未来发展前景良好。

从目前来看，我国建筑行业中已经有许多大型国有企业对 BIM 技术的应用积累了丰富的经验，例如，前述内容中提到的"中国尊"以及北京的腾讯总部大厦、深圳平安大厦等工程项目都利用 BIM 技术进行了各个方面的尝试。再如中建集团，中建集团的一个局一年中就在 200 余个工程项目中应用了 BIM 技术。另外，我国一些国有企业和地方企业已经建立了企业级的 BIM 管理平台。

从上述内容能够看出，到目前为止，BIM 技术在我国建筑行业中已经不再是最前沿的一种技术，而成为行业中一种新的发展趋势，是建筑行业中必须要实现的战略。而那些已经应用了 BIM 技术的建筑企业，在未来必将形成一种全新的强大竞争力。

在现阶段，我国的建筑行业还处在各个阶段相互割裂、相互独立的市场环境之中，因此，BIM 技术只能够在每一个阶段发挥其作用，还没完全实现 BIM 技术的最大价值，具体来说，还没有完全实现建筑工程项目的全生命周期的协同管理。由此也可以看出，我国建筑行业对于 BIM 技术的应用过程相较于 BIM 技术的发展历程来说，还处于发展的初级阶段。另外，由于 BIM 技术本身的属性，计算机技术以及以计算技术为基础开发的软件是其实施的基础工具之一。目前，虽然项鲁班、广联达、偶科特等开发 BIM 技术相关软件的公司已经发展了很多年，但是从整体上来看，还处于发展的初级阶段，并且因为处于 BIM 理论、软件、实践以及方法论等方面的初级阶段，当前的 BIM 技术应用还处于 BIM 技术和其他技术手段相结合的阶段，距离形成完善地能够进行综合管理的 BIM 平台还有一段不小的距离。

目前，大部分的特级、一级资质的企业现在已经认识到，如果在未来没能够及时掌握 BIM 技术，没能够进行深入和普及应用 BIM 技术的施工企业，在未来自身的综合竞争力必将会不断降低，最终失去生存能力。同时，BIM 技术之所以能够在全世界建筑行业中受到欢迎，其中最主要的原因就是 BIM 技术本身的可视化功能、模型功能、优化功能以及协调功能等更适合当前 4D 甚至 5D 平台的应用。

二、我国建筑行业工程项目管理中应用 BIM 技术存在的问题

从目前来看，虽然 BIM 技术在我国的一些大型建筑工程项目中取得了一定的成就，但是从我国建筑行业整体上来看，要想达到欧洲国家或者美国这些发达国家的建筑行业水平还需要很长的一段时间。当前，BIM 技术在我国的发展存在许多的问题，例如，国内关于 BIM 技术的软件开发有限，相关设备管理成本高，建筑企业对于 BIM 技术认识有限，应用 BIM 技术对建筑企业的效益不明显，BIM 技术造价高等问题。下面对这些问题进行详细的分析。

（一）国内关于 BIM 技术的应用软件开发有限

早期的 BIM 技术在欧洲的发达国家兴起，后来经过多年逐渐传入我国，因此，所有关于建立 BIM 模型所需要的软件都被以美国为代表的发达国家所垄断。另外，由于这些国外公司开发的软件是基于本身的实际情况开发的，因此在传入我国后，难以适应我国的国情。而我国国内的 BIM 技术发展还处于发展的萌芽阶段，因此，一些关于 BIM 技术的制度和标准还在完善的过程之中，虽然我国国内的软件公司还在不断努力地更新适应 BIM 技术的软件，但是由于当前我国国内的公司对于 BIM 技术的认识还不够深入，并且不同的公司对于 BIM 技术的认识也不尽相同，差异较大，这些情况都严重地制约了 BIM 技术软件在我国的开发以及发展。

另外，当前人们对于建筑行业的印象一直将建筑行业看作是一种重劳力的一份工作，这种陈旧落后的观念即使在信息发达的今天还依

然存在。在建筑企业中实现也不是一蹴而就的事情，因此，我国建筑行业信息化投入一直处于偏低的状态也是我国软件开发公司开发有限的一个重要原因。根据一项相关的研究发现，美国在过去的近 50 年中，其建筑行业的生产效率降低了两成左右，而同时除农业生产效率以外的总效率指数却增加了一倍以上，我国的总体情况与美国相似，也是在总指数增长的情况下，建筑行业的生产效率却在不断降低。根据我国商业部研究院的一项研究数据能够看出，我国对于建筑行业的投入和我国对制造行业的投入相比较，建筑行业投入的比例仅仅占制造业行业投入比例的一成左右，从这就能够看出，国家以及企业对于 BIM 技术软件开发投入不足也是造成我国 BIM 技术发展处于停滞状态的重要原因之一。

（二）建筑企业对 BIM 技术的认识程度以及投入力度不足

目前，BIM 技术在我国的发展以及应用还处于初级阶段，并且从我国建筑行业的总体来看，应用 BIM 技术的企业还是少数，因此，一些建筑企业中业务量较多的专业人士一般不愿意花费大量的时间对 BIM 技术进行学习和深入研究。同时，那些业务量不多的专业人员又因为学习 BIM 技术的昂贵费用而放弃学习和研究，因此，这就造成了 BIM 技术没有得到更好的传播。另外，因为专业人士的稀少，一些建筑企业在聘请关于 BIM 技术的专家时会花费极为高昂的费用，为了节约成本花费，大部分企业不会选择应用 BIM 技术。下面我们来详细分析造成这些问题的原因。

首先，从客观因素来进行分析。从我国目前的情况来看，BIM 技术应用的客观环境为大部分企业没有企业领导的支持和鼓励，并且大部分业主方也不会对施工企业提出必须应用 BIM 技术的要求。同时，我国政府对于 BIM 技术应用的推广力度也有所不足。除此之外，建筑企业中关于 BIM 技术的受教育程度也相对较低。如果业主方对设计公司或者施工企业没有明确提出要使用 BIM 技术，这些设计公司往往会忽视对于 BIM 技术的应用，会沿续以往的工作习惯，即在 2D 图纸上对建筑模型进行设计，在后续的阶段中，施工单位由于没有相应的 4D 数据模型，就只能依靠自身的想象力去建立 BIM 模型，甚至会直接按照 2D 图纸来进行施工，不能感受到 3D 建筑模型给施工单位带来的便捷，因此，大部分施工单位的高层对于推广 BIM 技术并不重视，积极性不高。其次，在一般情况下，一个建筑工程项目在开始之后，应该是相关的施工企业在进行到一定的程度之后，从自己上游供公司获得相关的建筑模型信息，然后再开始建设工作。但是从我国的实际情况来看，大多数建筑工程项目在设计以及施工中很难做到这一点，这主要是因为我国施工单位进行施工的主要依据来自上游公司设计的模型图纸，施工单位要想进行施工，就必须根据模型图纸还原成为实体的模型，然后再根据实体模型进行施工，但所谓的模型图纸其实是上游的设计公司在利用 BIM 技术之后得出的模型图纸，具体来说就是在上游设计公司中的相关 BIM 软件中已经存在 3D 建筑模型，而施工单位却要经过很多复杂的程序才能还原已经存在的 3D 建筑模型，然后才能进行施工，这些与 BIM 技术应用提升工作效率的理念是背道而驰的。最后，在 BIM 技术中，涵盖了很多方面的信息，但是由于我国的建筑行业接触该技术的时间较短，对其了解不够深入，再加上一些 BIM 软件开发商的误导，使许多企业在 BIM 技术方面得到了很多的错误信息，对 BIM 技术有着错误的认知，甚至一些企业认为在建设阶段建立了相应的 3D 模型就是对 BIM 技术的应用，还有一些企业认为只要在企业中引入了与 BIM 技术相关的软件，并且通过该软件进行图纸设计就是应用了 BIM 技术。事实上，这些都只是 BIM 技术中极小的一部分，从这能够看出，对 BIM 技术认识不清，就无法正确地应用 BIM 技术，就无法发挥出 BIM 技术的真正价值，这就导致当前 BIM 技术在我国建筑行业中的发展停滞不前。

（三）BIM 技术在互联网时代应用时代感不强

随着互联网时代的到来，目前我国社会的方方面面都受到了影响，一些行业也在互联网的影响下发生了革命性的改变，如销售行业、物流行业以及手机行业等都发生了巨大的变化。近些年来，我国的互联网企业巨头又对金融行业发起了冲击，当前，支付宝、微信等手机支付方式已经成为人们生活的必备品，人们外出不需要携带现金就能够进行购物、转账等，并且这已经成为当前社会的普遍现象。但是对于我国的建筑行业来说，互联网和信息化如此之大的影响却没能使建筑行业发生改变。建筑行业在互联网时代始终处于一枝独秀、岿然不动的状态之中。但要注意的是，这并不表示建筑行业就不需要信息化，不需要与互联网密切关联，当前建筑行业信息化发展的契机还没有到来。当前，互联网已经对社会中所有行业造成了巨大影响，甚至已经改变了一些行业，在这样的形势下，各行各业都迫切需要改变，这些都证明建筑行业在未来必将进行信息化发展。

目前，对于建筑行业来说，实现 BIM 技术和互联网的相结合是迫切的，其中主要原因为当下的一些建筑企业，其工程项目中各参与方之间的信息交换和模型建立是主要问题，但是因为 5D 信息交互平台要求网络上全面的信息，并且信息在经过多次交互之后，十分容易出现信息的缺失的情况，这就需要互联网技术的支持。通过 BIM 技术和互联网的结合，所有信息都能够进行及时交互，并且能够及时地捕捉到这些交互信息，只有通过这种方式，才能够实现建筑行业中产业链的透明化，提升建筑企业对于工程项目的管理能力。另外，BIM 技术的应用，主要是为了实现工程量的透明化以及信息的透明化，而互联网正好能够帮助 BIM 技术实现网络上的共享和协作，还能够对价格、消耗量以及其他的数据信息进行透明化处理，最终实现提升自身的服务能力和品牌效应。

（四）统一的 BIM 标准缺失，各参与方工作协同不顺畅

因为当前我国没有统一的 BIM 标准，也没有信息共享机制和规范 BIM 工作的标准规定，更没有规范的数据编码。在缺少这些内容

的基础上，BIM 技术就不可能得到更好的应用。在一个工程项目之中，其参与方包括设计方、管理方、施工方、机电安装单位、装修方等多个参与单位，并且每一个参与单位都是独立的经营企业，因此，在 BIM 应用过程中，设计方在利用 BIM 技术进行设计时，不会考虑到施工方的需求，设计方设计的模型，施工方难以根据该模型开展工作，此时施工方就得自己重新建模，这样给施工方带来成本费用增加、时间成本增加等问题。

总之，从发达国家的发展经验来看，要想在我国建筑行业中推行 BIM 技术，首先需要解决的问题就是统一的 BIM 标准制定以及规范，只有在这个基础上才能够考虑各种关于 BIM 技术软件的开发或者介入 BIM 系统中等问题。如果没有 BIM 标准体系，就很难实现 BIM 技术的有效推广，运用更是一纸空谈。目前我国还没有统一的 BIM 技术标准，关于 BIM 技术的相关法律、权责等界定不清楚，相关软件开发也不配套，无法实现全生命周期的运用，这样就导致 BIM 技术无法得到有效的推广和运用。另外，由于没有统一的 BIM 技术标准，BIM 建模之后的所有权归属问题、BIM 数据模型出现错误引发各参与方纠纷和索赔问题以及相关法律范围等都是当前 BIM 技术应用的主要的问题。同时，在设计阶段也存在很多的问题，如在设计阶段利用 BIM 技术生成二维平面图时，常常会出现局部细节不完善或者出现错误的现象，这是由于相关的标准缺乏所导致的错误，从这里就可以看出，当前我国必须要制定出相关的规范以及标准。另外，在工程项目中各参与方进行信息交换时，也需要制定相关的标准来约束各参与方的行为，明确各方的职责。这些方面如果得不到有效的解决，必将会影响到 BIM 技术在我国建筑行业的推广以及应用。

（五）BIM 技术中模型信息综合平台建设滞后

从前面的内容我们知道，建筑工程项目的建设是由多个参与方共同来完成的，因此 BIM 数据模型也必须要各参与方共同参与，因此各参与方的自身建立的 BIM 模型如何有效地融合在一起，实现信息之间有效交流和互换是 BIM 技术应用能否取得成功的关键环节。另外，BIM 技术应用的价值是否能够实现，还取决于另一个很重要的因素：BIM 信息平台搭建的程度深浅和平台搭建的有无，如果没有这样的信息交流平台，或者搭建的信息交流平台不完善，BIM 技术的优势将无法发挥出来。在工程项目的各个阶段中，都需要应用 BIM 技术来获取相关的信息，而信息可以在交流平台中实现集成和共享，从而提升建设工作效率，这就是 BIM 技术的核心竞争力所在之处。但是从目前我国建筑行业的实际情况来看，BIM 信息平台还没有完全建立起来，一些搭建这一平台的企业，其平台还不够完善，这样就使得各个阶段的信息无法实现有效的交流和互换，影响信息的共享和集成。同时，不同的 BIM 软件不能实现数据信息之间的交换接口也没有完全兼容，这样就使得不同软件之间无法实现数据信息的关联和互通，无法实现 BIM 数据信息的及时流通和共享的目标。

　　BIM 是一个系统和整体，因此所有基于 BIM 的应用和软件都必须使用统一的语言以及标准，如果在 BIM 技术应用的过程中使用的语言以及标准不规范或者不统一，必将造成混乱。因此，标准不能由不同的企业、不同的地区来各自制定，必须由国家来进行统一的规划和推行，只有这样才能保证 BIM 系统的有效和规范。

（六）传统技术防范的壁垒

　　在建筑工程设计领域，CAD 技术已经在我国建筑行业中发展了二十多年，十分成熟和稳定，建筑行业中的各个建筑企业已经适应了这种以 CAD 技术为基础的工作模式以及流程，在这样的发展过程中形成了技术壁垒，阻碍了新技术的进入。众所周知，利用 BIM 技术首先需要通过 BIM 技术相关软件进行以 3D 的界面为基础的三维立体设计，但目前我国建筑行业中的大部分建筑工程项目设计人员的知识结构都是以 2D 平面设计为基础的，要想在工程项目全生命周期来应用 BIM 技术，这些设计人员面临着巨大的学习压力，再加上学习 BIM 技术会付出较为高昂的学习费用，这样使得工程设计人员产生了抵触情绪。在工程项目施工阶段，管理人员的知识结构也是以 CAD 技术为基础的，具体来说就是大部分施工管理人员都是基于 2D 的设计图纸来进行相关的工作的，对 BIM 技术不熟悉，无法应用 BIM 技术来进行管理。同时，施工管理人员也没有管理的原动力，以往建筑行业中的思维方式都是以建筑本身为基础来考虑的，主要从建筑物的结构、安全以及质量方面进行考虑，对其他方面的因素考虑较少。而基于 BIM 技术的设计完全打破了原来的思维方式，不再是围绕建筑本身来思考问题和进行设计，而是基于工程项目全生命周期目标来考虑问题和进行设计。另外，在 BIM 技术应用中还存在一个问题，那就是传统思维障碍问题。在传统的思维中，认为 BIM 技术的应用只需要开发一款 BIM 软件就能够将工程项目中的所有问题解决掉，将工程项目建设过程简单化。但是从前面内容我们已经知道，对 BIM 技术的应用不是开发一款软件或者一类软件就能够将 BIM 技术很好地应用到工程项目管理之中。BIM 技术是一个完整的系统，是一个包含 3D 建模、施工过程模拟、成本控制、施工场地分析、资产管理以及碰撞试验等众多模块集于一体的综合平台。因此，对于我国建筑行业应用 BIM 技术来说，这些问题都是应用过程的阻碍因素。

（七）当前 BIM 技术的应用还多集中在设计阶段，没有实现全生命周期的应用

从当前实际情况来看，我国建筑行业对于 BIM 技术的应用主要集中在设计阶段，在后期的施工、运营以及物业管理阶段还没有形成气候。这主要是因为，在工程项目的设计阶段，由于 CAD 技术已经不能满足当前越来越复杂、体量越来越大的工程项目的需求，设计人员面临着很多技术上的难题，仅仅使用 CAD 技术已经不能够解决这些问题。因此，随着经济的不断发展、科学技术的不断更新，我国建筑行业中的很多建筑工程项目都在重点解决这些问题，在这一方面 BIM 技术占得了先机，取得了较快的发展，并积累了较为丰富的实践经验。但是我们知道，BIM 技术的应用不仅仅是在设计阶段的应用，由于缺乏相关的 BIM 平台，BIM 技术的很多后续应用并没有得到实现，如施工过程模拟、施工场地分析、工程项目辅助管理以及后期指导等。之所以会出现这样的现象，其原因也是多方面的，例如，我国没有统一的 BIM 技术标准，对相关产权以及责任的界定比较模糊，国外的 BIM 软件无法适应我国建筑行业实际情况等。同时，当前 BIM 技术软件的价格昂贵，还缺乏相应的人才，并且人才的培训费用也是很大的开支，因此一些中小企业无法承受。还有一些企业认为培训人才，购入 BIM 软件不合算，而施工单位则是已经习惯了传统的施工过程，不愿意再花费大量金钱去应用 BIM 技术。这些因素都使得 BIM 技术在我国的建筑工程项目管理中无法得到快速的推广和应用，阻碍了我国建筑行业的发展和进步。

另外，BIM 技术的应用价值主要体现在工程项目的全生命周期中的综合运用，就目前而言，无论是我国还是国外都缺乏可以作为典型的 BIM 技术应用的案例。目前我国对于 BIM 技术的应用主要还集中在设计阶段，在其他阶段的应用较少，要想实现在全生命周期中的综合应用还有很长的路要走。

总而言之，对于我国建筑行业来说，当前我国建筑行业对于 BIM 技术的应用还处于初级阶段，在技术方面、人员方面等还存在很多问题，但是相信随着我国建筑行业的发展，BIM 技术应用必将更加完善，必将在众多的建筑行业中脱颖而出。

第二节　我国建筑工程管理针对 BIM 技术存在问题的对策分析

由于 BIM 技术在我国建筑行业应用过程中存在问题，导致一些基于 BIM 技术的工程项目管理也面临着诸多的问题，因此，要想促进 BIM 技术在我国工程项目管理中应用和发展以及提升我国建筑行业的信息化水平，就必须解决这些存在的问题，提出相对应的建议，推动我国建筑行业基于 BIM 技术的工程项目管理更好的应用和普及。

一、国家应该颁布 BIM 技术标准并进行强制推行

正所谓，没有规矩不成方圆，在各行各业中，都有着自己内部的一套标准或者说规范。例如，美国很早就针对 BIM 技术制定了基于 IFC 的 BIM 技术标准，并在全国范围内推行。因此，对于我国来说，要想更好地推动基于 BIM 技术工程项目管理的应用和发展，政府就必须在充分考虑我国国情的基础上，通过深入分析 BIM 技术的特点来制定出我国的 BIM 技术标准，在该标准的基础上推动 BIM 技术的发展和应用。但是在推动的过程之中必须注意的是，要严格按照所制定的标准来进行，实现不同 BIM 软件之间的有效对接，进而实现整个工程项目全生命周期的综合管理。当前，我国国内虽然有很多的软件企业在进行 BIM 软件的开发，但是由于缺乏统一的开发标准，这就使各个软件公司开发的 BIM 软件无法实现相互兼容，进而造成行业中的混乱以及大量的资源浪费。因此，政府必须制定出一个统一的标准来进行指导，规范不同公司开发的 BIM 软件，实现不同软件之间数据和信息的互通，无论是哪一个公司开发的软件都能够在 BIM 这一统一的平台上进行相互的匹配。同时，由于 BIM 不是一款软件或者一类软件就能够解决问题的系统，因此，软件开发公司可以以国家制定的统一标准为基础进行软件的二次开发，并且制定出在某一专业或者某一领域更加严格的标准。另外，不同企业的软件开发在国际基础之上进行细化，体现出更多的专业性和实用性，为建筑工程项目管理中的不同环节提供更好、更加专业的服务。

对于 BIM 技术的推行来说，从国外推行的经验来看，BIM 技术

早期的推行必须政府进行强制推行，然后再由相关的行业协会来进一步进行规范，推动其发展。如果政府没有进行强制推行，仅仅依靠市场的力量是难以实现 BIM 技术广泛应用目标的。因此，政府必须制定出合理的 BIM 技术应用实施战略，在建筑行业中强制推行 BIM 技术，并且要发挥出其带头作用。

二、完善 BIM 软件体系，搭建 BIM 信息平台

基于 BIM 技术的工程项目管理会涉及整个工程项目每一个阶段的大量信息传递和交互，并且其中很多工作都是基于统一的平台进行开展的，不同的专业也在平台中共同工作。例如，在设计阶段中，必须要基于平台进行协同设计，只有这样才能够及时地发现设计过程中出现的问题和缺陷，如果没有相关的信息交流平台，这些问题在设计的过程中就会难以发现，另外，利用 BIM 信息平台还能够将各个阶段以及各个专业的 BIM 模型进行有机整合，从而形成一个整体。例如，在建筑模型中进行管线综合模拟的同时，如果模拟没有出现问题就可以利用建筑模型将管线模拟中信息导出用来指导实际施工。

总之，基于 BIM 技术的工程项目管理是在全生命周期的管理，不是某一个阶段的管理，是一种高度集成的管理模式。基于 BIM 技术的工程项目管理模式的核心在于数据信息的传递、交互以及整合，具体来说就是在工程项目的不同阶段能够进行数据信息的共享，并能够进行信息的不断集成和整合。因此，我们必须完善软件体系，搭建出 BIM 信息共享平台，创建基于 BIM 技术工程项目管理的新时代。

三、进行技术革新，加快 BIM 软件开发

我们知道，BIM 技术在国外的发达国家中已经发展较长的一段时间，因此这些国家对于 BIM 软件的开发进入了比较成熟的阶段。但

是由于我国 BIM 技术发展时间较短，并且 BIM 技术在我国建筑行业中的应用处于初级阶段，还不够完善，存在对技术进行革新的机会。但要注意的是，要想实现这一目标就必须充分考虑我国的实际国情。从目前来看，我国国内建筑行业中大部分企业使用的 BIM 软件几乎都是直接搬用国外公司开发的 BIM 软件，这些软件虽然在国外已经有很好的实际应用，但是并不能和我国建筑企业的发展相契合，因此，我国国内的软件开发公司必须不断提升自身，形成独有的竞争力，不能一直停留在模仿国外软件的过程中，不能将对 BIM 技术的应用仅仅停留在基础应用上，必须和股价的技术研究单位以及其他一些软件开发公司结合起来，在吸取国外软件开发经验的基础上，大胆进行技术创新，研发出新的、能够适应我国国情的 BIM 应用软件，最终获得更好的经济效益。另外，当前我国的软件研发公司应该将研究的重点集中在 BIM 技术的应用上，这主要是因为，当前通过 BIM 技术建立的模型还比较有限，还存在很多的开发空间，因此应该大胆进行创新，争取研发出能够多次使用的通用模型，争取在设计单位设计出模型之后，施工阶段就能够以该模型为基础进行施工，省去中间十分繁杂的流程和工序，争取将 BIM 模型和企业的信息系统连接起来，将企业的信息实现集成化管理，这样就能够充分地发挥出 BIM 技术的功能。因此，BIM 软件开发不只是软件研发公司的职责，更需要各方的合作进行大胆的创新尝试，只有这样才能使我国的 BIM 技术发展赶超世界发达国家。

四、加强对 BIM 技术使用的认识和投入力度

虽然 BIM 技术的核心目标是提升建筑工程项目的管理水平以及施工企业的经济效益，提升建筑行业的信息化水平。但是 BIM 技术的应用还会涉及教育以及企业管理，因此 BIM 技术的应用问题不仅仅是技术方面的问题，更是一种管理问题和社会问题。为了推动 BIM

技术在工程项目管理中的应用程度,政府、业主方、施工企业、设计单位、软件开发单位等应该加强合作,并加大投入力度,对制度、法律、意见以及标准等的出台加强指导。另外,在 BIM 软件开发方面,要想加强软件研发的力度,鼓励软件研发部门或者公司进行创新,就需要各参与方加大资金投入的力度来支持软件的研发工作。同时,根据国外 BIM 技术发展的经验,政府应该为软件开发提供全部的研发资金,这样做的好处有两点:一是政府直接投入资金将 BIM 技术应用于政府主导的工程项目中,其产生的收益将会直接归政府所有;二是政府出台政策可以激励技术人员学习 BIM 技术,并且借助政府将 BIM 技术应用于实践中。例如,美国作为 BIM 技术应用成熟的国家,其对 BIM 技术发展的资金投入大多数都是研究技术基金会或者联邦事务管理局,这样能够更加方便地建立起合适的标准以及应用指导。

五、解放各个参与方的思想,转变观念

从目前来看,我国建筑工程项目中的各参与方对 BIM 技术的应用有着一定的抵触心理,造成这种情况的因素有很多,如各参与方对自身利益的维护、新技术的应用会投入更多的时间和精力、对新技术没有了解和不熟悉等。从前面的内容中我们已经知道,BIM 技术的应用最大的受益参与方就是建设单位,这主要是因为 BIM 技术在工程项目管理的应用更能体现出建设方的建设意图,能够直接参与到工程项目设计之中,降低初始的投资成本,同时还能够为工程项目建成之后的运营以及维护提供相应的数据支持。从这就能够看出,BIM 技术在工程项目的整个生命周期中都在为建设单位服务,因此,在 BIM 技术推行的过程之中,建设单位首先需要成为 BIM 技术的拥护者,并要积极地参与和推动工程项目对 BIM 技术的应用。同时,还要规定工程项目建设必须应用 BIM 技术,并以此为契机来引导各参与方

采用 BIM 技术。另外，还要推广 BIM 技术在工程项目全生命周期中的应用，促进 BIM 技术的综合应用，体现出 BIM 技术真正的价值。因此，在工程项目建设的过程之中，各参与方都必须转变自身的观念，尽快采用 BIM 技术。其中设计方可能在短时间内会有阵痛，但是在阵痛过后必将迎来更大的发展。施工方在短时间内也不会完全适应，但还是必须转变观念，迎合工程项目发展趋势，早做准备，尽快完成从 CAD 技术到 BIM 技术的转变。

六、推行 BIM 技术在工程项目中全生命周期综合运用

从前面内容我们知道，BIM 技术的价值就在于能够无缝连接工程项目各个阶段的数据信息，不断完善工程项目的建设环节，并且还能够为工程项目的全生命周期提供更好的服务。从另一个角度来理解，BIM 技术和建筑物是一对孪生兄弟，一个以实物状态存在于实际中，一个以数据模型状态存在于虚拟中。从目前我国的实际情况来看，当前 BIM 技术在工程项目中的应用主要在涉及所有阶段，但是仅仅将 BIM 技术应用在工程项目中的某一个阶段并不是 BIM 技术真正价值所在，也不能真正地体现出 BIM 技术的巨大优势。因此，只有将 BIM 技术应用到工程项目全生命周期中，才能真正地将 BIM 技术的优势和作用发挥出来，才能实现对传统建筑的信息化转变。当然，在此过程中必须注意到 BIM 技术的应用是一个综合的过程，其涉及的领域和专业众多，同时当前 CAD 技术还没有退出建筑行业，我国市场上还是以 CAD 技术为主导的工程项目管理模式。因此，推进基于 BIM 技术全生命周期的综合运用要分主次、分环节稳步进行。首先，可以将工程项目的涉及阶段作为突破点，逐渐将 BIM 技术应用到所有的阶段之中；其次，可以实行从点到面的推广和完善，真正实现与建筑工程项目全生命周期的 BIM 技术综合运用，为工程项目管理带来更大的效益。

七、调整高校教育，完善人才培养模式和 BIM 技术发展环境

随着 BIM 技术应用的不断深化，其对传统的建筑行业已经带来了很大的冲击。大部分发达国家对自己的高等教育进行了改革，在各大高校中增设了 BIM 技术专业或者相关的专业，为工程项目建设领域培养了大量的对口人才，进一步推动了 BIM 技术的发展和进步。基于此，我国高等院校也可以借鉴国外的经验，尽快开设与 BIM 技术相关的专业或者课程，加快 BIM 技术人才的培养。同时，社会培训机构也应该对 BIM 技术开展相应的职业培训，邀请一些专业或者企业精英进行专题讲座，培养更多的 BIM 技术人才。同时，建筑行业和工程行业委员会也应该加强对现在从业人员 BIM 技术方面的学习和教育。

如果想要快速普及 BIM 技术，在高校相关专业中，相关的专业学者要及时地总结实践中 BIM 技术应用的案例和经验，不断提升自身的理论研究水平，并要积极地探究基于 BIM 技术应用的工程项目管理新模式，为更好地指导工程项目管理提供参考，与此同时还要进行不间断跟踪研究。另外，在政府的强制推行下，要求国家的一些大型建筑工程项目的建设以及管理必须应用 BIM 技术，并且要做成具备示范性的工程项目，从而不断积累经验，为 BIM 技术应用到工程项目管理提供更多的案例参考。

由于 BIM 技术是一种系统的工作方式，不是其中一到两个部门或者单位就能够解决的事情，因此 BIM 技术的发展不只是 BIM 技术本身的事情，还必须有一个适合 BIM 技术发展的社会环境，在该过程之中就必须积极发挥出政府的主导作用和协调作用，进行政策指导，并协调协会、组织、机构、团体、软件开发公司、设计单位、施工单位以及建设单位等建筑行业中的主体，为 BIM 技术的发展和应用营造出一个完善、健康的发展空间。其中，业主方要求工程项目中

必须使用 BIM 技术，设计方必须使用 BIM 技术来设计图纸并生成数据信息模型，施工方必须使用 BIM 技术辅助施工，最后的运营维护阶段也必须使用 BIM 技术来辅助运营决策工作和后期的维护管理工作。政府要制定出相关的 BIM 标准和规范 BIM 技术的应用，并要对其进行监督。高校要积极地培养相关的人才，软件开发公司要加大力度，不断开发出符合我国国情的 BIM 软件并不断完善其功能。只有在这样的环境中，我国 BIM 技术的发展以及应用才能进入新的阶段。

另外，针对当前我国对于 BIM 技术应用缺乏相关法律法规规范的现状，政府应该积极地展开关于 BIM 技术的相关法律研究工作，为 BIM 技术在我国的应用营造出一个良好的法律环境。首先，可以对 BIM 技术知识产权归属问题进行疏理，明确产权的归属以及相关费用的使用问题，使 BIM 技术的知识产权得到更加有效的保护，并维护各参与方的合法权益。此外，还须对当前在工程项目管理中应用 BIM 技术时出现的各种问题进行完善，以应对因此引发的索赔问题。另外，还需要解决工程项目中采用 BOT、EPC 以及 PM 等模式进行建设或者进行交付时，关于 BIM 技术的合同条款的修改以及完善的问题。在以往的合同条款中，都是以 CAD 技术为基础的，已经无法适应以 BIM 技术为基础的合同，因此必须对合同中的各项条款进行重新制定，制定出基于 BIM 技术的合同管理以及各种合同范本，来完善以 BIM 技术为基础的各种工程项目管理活动。

总而言之，BIM 技术作为我国建筑领域中的一种新生的技术，就必须在合适的环境之中得到发展和进步，因此，我国应该针对这点不断完善 BIM 技术发展的环境。

八、我国建筑行业应该加快 BIM 技术和互联网的结合

互联网对 BIM 技术的发展是十分重要的，因此需要将 BIM 技术的发展和互联网结合起来。为了实现两者的结合，首先，建筑企业需

要联合起来打造出一个互联网平台，为建筑工程项目的精细化管理提供支撑，将工程项目中的财务信息、材料信息、施工信息、地质信息、场地信息以及材料用料量信息等通过建立的互联网平台传输到 BIM 软件之中，对这些信息进行精细化管理，达到客户或者施工单位对信息随时调用的要求。要想实现这一目标，这就需要建筑企业在互联网上投入更多的财力、人力以及时间，定期对自身内部的专业人士进行相关的培训，让相关人员学习国外发达国家的一些先进的 BIM 技术，掌握互联网未来的发展方向，实时将 BIM 技术和互联网结合起来，使这些人员在掌握了 BIM 技术和互联网相结合的基础上，再进行大胆创新，不断对建筑企业的工程项目管理进行细化，帮助建筑工程项目取得更大的效益。

BIM 技术和互联网的结合会加速建筑行业变革的脚步，从目前来看，我国建筑行业中的一小部分建筑企业已经开始顺应时代发展潮流。如三生公司承接的国家"十三五"课题，该课题就是研究 BIM 技术在实现产业化工程项目物联网关键技术的研究课题，其目标是像汽车制造一样，实现产业化工程项目的精益建造。当然，这一计划的实行必将会遭遇到极大的阻力和挑战，但是前进的方向以及速度不会因为阻碍和挑战的存在而转移。对于建筑企业来说，无论是变革自己的上游客户，还是顺应政府行业管理的推动，总之，先行者必然会得到最大的回报。

事实上，我国建筑行业的透明化所带来的最大的变化使市场的集中程度得到大幅提升，改变了当前大型建筑企业的成本相较于中小型建筑企业的成本要高、中小建筑企业相较于分散的包工头成本要高的奇怪现象，将建筑行业的规模经济优势做了出来，使那些分散的包工头以及小企业无法生存，行业的竞争更加理性和合理。此时，行业的经济利润必将成倍增长。在 2018 年的建筑行业报告中，当前已经有多家总承包企业被收购或者合并重组，甚至一些企业已经倒闭。从这能够看出，变革必将会为我国建筑行业带来有利的影响，其中建筑企业胜出必将是响应 BIM 技术和互联网相结合战略、对自身进行改革的建筑企业。

BIM 技术和互联网相结合必将会为建筑行业带来生产效率的提升。BIM 技术和互联网的结合会使工程项目管理的生产力发生极大变化,在此过程中,率先应用该模式的建筑企业必将会在竞争之中获得优势,会改变当前建筑行业中各企业同质化竞争的情况。与此同时,建筑产品的品质也会得到大幅加强,这主要是因为 BIM 技术能够帮助建筑企业提前预知各种可能出现的问题,并及时解决。例如,北京住总集团的 BIM 技术中心已经将 BIM 技术和互联网结合成功应用到了海淀医院工程项目之中。在该工程项目开工以前,利用该模式成功在图纸中找到了新的结构问题,共有 178 项,并且得到了设计方和甲方的认可。在图纸审核完成的情况之下,仅仅地下车库中就检查出了问题共计 58 项,并且得到了设计方的认可。除此之外,当前建筑行业中产品价格是所有行业中最不透明的,恶性竞争情况经常发生,甚至出现了优者淘汰、劣者胜出的现象。而 BIM 技术和互联网的相结合会有效地解决这些问题,行业中企业的竞争将会越来越透明化,推动行业竞争力由以往的关系竞争力向能力竞争力以及品牌竞争力过度。此外,BIM 技术和互联网的结合还会推动我国建筑行业中规模经济的形成以及竞争方式的变革。

九、政府应该加强指导,并且基于政策支持

要想 BIM 技术在我国建筑行业中得到有效的应用,除前述的措施(如环境建设、高校改革、与互联网结合等)外,还需要政府的指导和相关政策的支持。目前,我国对于 BIM 技术已经发布了一些政策,但是从实际情况来看,虽然国家发布了一些政策进行支持,但是大部分没有在实际中得到应用。这主要是因为大多数政策只是一些口头上的政策,尤其在一些地方中,由于地方政府中的中小企业居

多，如果没有大量资金的支持是无法将 BIM 技术应用到建筑工程项目中的。而在一些大型的建筑企业中，虽然应用了 BIM 技术，但是由于自己的投入较少，使 BIM 技术的应用无法达到预期的效果。与国外颁布的政策相比，国内发布的政策大多数没有强制企业实施，更没有资金的投入，BIM 技术难以实现应用。因此，政府对于 BIM 技术在建筑工程项目管理中的应用政策要不断标准化和开放化，对一些已经开始应用 BIM 技术的建筑企业要进行财政支持，只有这样才能推动 BIM 技术在我国建筑工程项目管理中广泛的应用和发展。

第四章　BIM技术在建筑
工程管理各个
阶段的应用

第一节　BIM 技术在工程设计
阶段的应用分析

一、工程项目设计阶段应用 BIM 技术的原因

BIM 技术对于工程项目管理来说有着重要的意义，下面来看以下工程项目管理在设计阶段应用 BIM 技术的具体原因。

（一）应用 BIM 技术的设计单位类型

在现阶段，我国应用 BIM 技术的设计单位大致可以分为以下几个类型：第一种类型是一些设计单位的高层或者领导对于 BIM 技术比较认可，并且看到了 BIM 技术应用在实际工程项目设计中的优势，这些设计单位在设计时会应用 BIM 技术。一般来说，这些设计单位的领导都有着比较长远的眼光，他们希望通过 BIM 技术来提升自身的核心竞争力，改变设计单位在市场竞争中的位置，抢占发展的先机。第二种类型是一些设计单位在实际的设计过程中发现传统的设计方式已经不能够满足工程项目的需求或者说要求，不得不去寻求改变，找到新的设计方式。在这样的情况之下，BIM 技术的出现正好满足了这些设计单位的需求，也是这些设计单位认为的比较符合市场需求的先进设计方法。例如，在一些大型的建筑工程项目中，或者一些结构复杂的工程项目中会有一些新型的设计要求，这时应用 BIM 技术能够有效地弥补传统设计方法中的不足和缺陷。第三种类型是一些设计单位为了满足建设单位或者合作企业的要求而去应用 BIM 技术。在实际的建筑工程项目中，一些业主方或者投资方会对该在建筑工程项目的设计进行说明以及特殊要求，甚至一些业主方会直接要求必须使用 BIM 技术来进行设计，这就使得设计单位不得不采用 BIM 技术

进行设计。还有一些国外的建筑企业在和我国建筑企业合作时，由于这些国外的建筑企业本身就会应用 BIM 技术来进行设计，因此会要求中方的企业也采用 BIM 技术，以便更好地进行信息之间的交流和共享，这也迫使中方建筑企业必须采用 BIM 技术。但要注意的是，虽然上述这几种类型的设计单位会应用到 BIM 技术，但是在实际的设计过程之中应用的范围还比较窄，具体来说就是只应用了 BIM 技术中的一小部分功能，其中使用频率最高就是三维建模、碰撞试验等功能。从这能够看出，如果设计单位仅仅花费了人力、财力来引进 BIM 技术，却没有充分使用，虽然有利于 BIM 技术的推广以及应用，但对于一个建筑工程项目来说，并不能真正地发挥出 BIM 技术的实际应用价值。

（二）以 BIM 技术为基础的新型盈利模式

BIM 技术在建筑工程项目管理中包括 25 种以上不同的类型，其中涉及了工程项目中的设计、策划、施工、运营以及维护 5 个阶段。其中，针对设计阶段的 BIM 技术类型多达 9 种。如在设计方案前期的论证、设计方案的建模、设计规范验证等，这些 BIM 技术功能的应用包含 CAD 技术的所覆盖的范围，具体来说，当前 BIM 技术的功能已经能够完全代替 CAD 技术。除此之外，与以往传统的设计流程相比较，BIM 技术有着自身独有的优势，因此，BIM 技术的价值更加值得设计单位进行使用和大力推广。虽然目前建筑设计单位有着多种类型，并且从事的业务也有着极大的差异，但不管是何种类型的设计单位都能够使用 BIM 技术来创建新的盈利模式，这也是促进设计单位应用 BIM 技术的重要动力之一。另外，应用 BIM 技术对于建筑工程项目进行设计有着很大的优势，不仅仅是设计单位，还对业主方有着极大的好处。如果设计单位能够将这些优势向业主方说明，并被业主方所接受，业主方就会愿意掏出更多的钱来购买或者愿意为了获得更好的服务而提供更多的资金支持。

一般来说，我们在研究 BIM 技术时，容易将研究的重点集中在技术层面之上，而容易忽视 BIM 技术带来的直接经济利益，或者会认为 BIM 技术的应用就是通过提升工作效率以及设计质量从而来提升自身在市场之上的竞争力或者自身实力的增强，进而来获得经济利益。事实上，应用 BIM 技术能否直接改变传统工程项目的盈利模式，为设计单位带来直接的经济利益。这就需要设计单位从多个角度去审视 BIM 技术内在的作用以及价值，同时设计单位的领导或者管理层要有长远的眼光，能够预见 BIM 技术对当前设计单位盈利模式的影响，还要能够发现在新的盈利模式下的潜在客户，并建立起客户关系网，提升工作效率。

（三）业主方额外购买 BIM 服务

对于大部分设计单位来说，它们都会对业主方会不会购买因 BIM 技术带来的新型服务这一问题感到疑惑。对于这一问题，需要从两个方面来进行分析：首先，从业主方的角度进行分析，具体来说就是业主方发展意识以及商业头脑会影响是否会做出购买 BIM 服务的决定。如果业主方早已经对 BIM 技术有所耳闻，并且也十分认可该技术在工程项目管理中的作用，相信 BIM 技术未来会在建筑行业有着很好的发展前景，那么业主方就会额外付费来购买因 BIM 技术带来的新型服务。但要注意的是，这种新型服务一开始只会有一些比较高端业主方才会真正购买，除此之外，我们知道购买 BIM 新型服务所投入的资金对于整个工程项目来说是微不足道的，但是如果因为这一技术带来的新型服务会给整个工程项目带来更好的收益，并能够带来工程质量上的提升，避免出现一些比较严重的问题，那么业主方会十分愿意额外付费来购买这种新型服务。同时，对 BIM 技术的投资会带来一定的投资收益，还会对工程项目的后期管理提供很好的帮助，可谓是一举两得。其次，从设计单位的角度来看，业主方是否愿意掏钱来购买 BIM 技术，设计单位是否能够提供给业主方具有价值的额外

BIM 服务对其有着直接的影响。在这里所说的额外价值指的是在传统的设计方式中无法实现的价值。众所周知，BIM 技术相较于传统的 CAD 技术来说，其显著的优势就是能够进行数据信息模型的创建，并且能够进行如碰撞检查等这样的操作。除此之外，设计单位还需要给业主方提供一些其他类型的额外服务，用来解决在工程项目管理过程中可能会遇到的各种问题，从而实现业主方内部信息的一致性。在我国的建筑中，一些大型的建筑工程项目都应用了 BIM 技术，特别是在我国上海中心工程项目中应用了 BIM 技术之后，为我国建筑行业应用 BIM 技术提供了很好的推广机会，而我国的建筑设计单位应该把握好这次机会，积极引导业主方去购买 BIM 技术，使 BIM 技术能够从理论研究到实践方面真正地实现大范围应用，转化为真正的生产力。

二、在工程设计阶段运用 BIM 技术应该注意的问题

在工程项目设计阶段应用 BIM 技术虽然能够带来积极的影响，但是在应用的过程中必须注意其中存在的一些问题。

（一）设计单位对于 BIM 技术的应用存在一些误区

从目前来看，我国的大部分设计单位在应用 BIM 技术方面存在一些认知上的误区，主要体现在以下三个方面。

首先，设计单位对于 BIM 技术存在认识不清的问题。第一，一些设计单位仅仅将 BIM 软件看作是单纯的绘图软件，相较于传统的 CAD 技术，仅仅只是能够进行三维模型的创建。当前，我国很多的建筑设计单位在接触到 BIM 技术后都纷纷对 BIM 技术进行推广和引用，但是对 BIM 技术却没有更深的了解，如果将其作为一种仅仅能够绘图、能够进行创建三维模型的工具的话，在建筑行业的工程项目管理中进行推广是远远不够的，推广的时间会大幅延长，这主要是因

为 BIM 技术和已经成熟的 CAD 技术相比较，其学习以及使用的难度都比较高，需要投入较多的精力和时间，这是所有建筑企业都不愿意看到的。另外，许多建筑设计单位对于 BIM 技术的应用还存在很多的顾虑，如需要投入大量的人力、物力、财力、精力来完成对设计方式的变革，但在投入之后是否会获得超过投入的效益，是否能够推动企业的发展等。这些因素对于设计单位是否会选用 BIM 技术来说是至关重要的，还会影响 BIM 技术在我国建筑行业推广的脚步。第二，当前一些设计单位对于自身的实际情况没有一个清楚的了解，在应用 BIM 技术时应该要把握其应用的范围，在做好自己本职工作的基础上去给业主方提供额外的服务，但是一些设计单位在应用 BIM 技术的初期就盲目地想把 BIM 技术推广到各个专业领域之中，却忽视了自身对于 BIM 技术的掌握程度，这样往往会容易导致事倍功半的现象发生，不仅不能够实现自己最初的设计目标，还会对自身的正常工作流程造成不好的影响。第三，设计单位在应用 BIM 技术的初期不易全面展开这方面的工作，应该以某一个简单的项目作为试验，以便自身能够熟练掌握 BIM 技术应用的全过程，同时还要对 BIM 技术和自身工作方式的兼容性进行测试。在一般情况下，不要选择那些比较复杂的工程项目，选择那些基础的、简单的工程项目更加有利于试验。

其次，当前，我国对于 BIM 技术的引进大多数都是从国外进行引进的，与我国实际的建筑行业情况存在一定的偏差，在应用 BIM 技术的初期，需要相关的专业人士进行指导才能够理解其中的一些标准或者应用的方法。另外，推广 BIM 技术必须事先做好充足的准备，并且还要做好长期的准备，这才能够保证 BIM 技术的推广按照一定的顺序稳步进行。同时，还要注意 BIM 技术在进行模型创建的同时将工程项目的相关信息输入其中。其中，由于不同的建筑工程项目的信息存在比较大的差异，数据信息在输入时也会不同，因此，对于不同类型的建筑工程项目需要使用不同的方法来对待。另外，BIM 技术的推广和应用需要设计单位中全体人员共同努力才有可能实现，因此，一方面设计单位的领导必须进行支持和引导，另一方面基层的员工也需要认真执行。只有设计单位的领导和基层员工达成共识，进行默契的合作才能够有效地将 BIM 技术应用到建筑工程项目管理之中，才能够有效推广 BIM 技术。

最后，当前我国大多数设计师将 BIM 技术看作是 Revit 系列软件所包含功能，造成这样错误认识的主要原因是我国有相当一部分的设计师对于 BIM 技术的应用最开始是在 Revit 软件的基础之上才逐渐开始接触 BIM 技术，这样就造成这些设计师出现这样的错误认知。事实上，BIM 技术相较于传统的建筑工程项目设计方法来说，它能够在整个工程项目建设过程之中实现全生命周期的信息管理，这是 BIM 技术超越传统技术的重要特点之一。当前，随着 BIM 技术的不断发展和应用范围的扩大，我国建筑行业对于 BIM 技术的这种认知错误已经被纠正。总之，BIM 技术在我国建筑工程项目管理之中的应用早在 2004 年就已经开始，先在设计单位中得到应用，但是直至今日，BIM 技术还没能在设计领域中得到十分广泛的应用，这与设计单位对 BIM 技术存在认知上的误区是分不开的，如果我们不能够对 BIM 技术有更加深刻的了解，那么就会限制 BIM 技术在我国建筑工程项目管理中的应用发展。

（二）设计单位对于 BIM 技术的应用过程技术团队组建应该注意的问题

在建筑设计单位应用 BIM 技术的关键问题就是要有相应的专业人才，更需要相应的技术团队，但是目前我国建筑设计单位中的专业人员对于 BIM 技术的了解程度还比较低，并且在 BIM 最初的使用阶段很难找到专业的人才，这就必须在设计单位内部组建专业的技术团队来负责 BIM 技术在设计方面的推广以及应用的一切事务。在组建专业的技术团队时要注意其中的一些问题：首先，组建专业的 BIM

技术团队必须明确该团队的负责人，该负责人要对 BIM 技术有着更加深刻的认识和了解，同时对于 BIM 技术在设计中的推广和应用有着正确的判断。如果在组建技术团队时，确定的团队负责人在对 BIM 技术的认识上存在有一定的误区，那将会对 BIM 技术在设计单位的应用以及推广造成很大的负面影响，甚至会影响团队中的其他技术人员对 BIM 技术的认识。其次，在组建团队时，对于团队人员的选择需要综合考虑成员的个人能力、学习能力、工作能力、工作热情以及工作态度等各个方面，以保证团队中的各个成员在 BIM 技术的推广和应用的过程中能够承受其中巨大的压力，同时还能够保持热情去学习以及使用这种先进的建筑设计方式。另外，在 BIM 技术团队组建完成之后，对成员分工必须更加细致，每一名团队成员都应该有具体的责任担当，这样不仅能够保证团队内部人员的最优配置，还能够减少人力资源成本。

三、在工程设计阶段应用 BIM 技术的方法研究

（一）影响 BIM 技术应用的相关要素分析

在建筑工程项目管理之中应用 BIM 技术不可避免地会受到一些因素的影响，阻碍 BIM 技术在工程项目管理中的实施，下面我们从三个方面来对影响要素进行分析。

首先，制定的战略目标会影响到 BIM 技术在工程项目设计阶段的应用效果。当前，我国很多的设计单位应用 BIM 技术都是以传统的 CAD 技术流程为基础的，这样就使得 BIM 技术在设计单位的应用必须进行应用流程的升级和更新。一般来说，BIM 技术在设计单位的应用应该要分成三个层级：第一层级是设计单位个人层面，第二层级是工程项目层面，第三层级是单层面，如果在 BIM 技术应用过程之中设计单位达到了第一层级，就说明该设计单位能够利用 BIM 技术解决一些工程项目中的问题，如解决不同专业之间的碰撞问题等；如

果设计单位应用 BIM 技术达到了第二层级，就说明能够应用 BIM 技术去完成部分流程，如可以利用 BIM 技术去完成图纸绘制、建立模型等；如果设计单位对 BIM 技术的应用达到了第三层级，就说明设计单位已经利用 BIM 技术创建了新的盈利模式，并且可以为业主方提供额外的新型服务，同时还能够完整地发挥出 BIM 技术的各种强大功能。事实上，这三个层级代表了各个设计单位自身所制定的战略目标，不同的设计单位有着不同的层级目标，在推广和应用 BIM 技术的过程中，其投入的力度也会存在差异。当然，其中有一些设计单位会在最初使用 BIM 技术时定下实现最高层级的目标，但在应用的过程中会因为对 BIM 技术不了解，或者是其他的问题最终导致最高层级目标难以实现，并一直停滞不前。

其次，BIM 技术的应用过程会影响到 BIM 技术最终的应用效果。我们知道，BIM 技术在设计单位的应用想要取得一定的成效不是一蹴而就的，因此，不能够急于求成，需要循序渐进。一般来说，需要从基础的工程项目开始进行，在最开始需要专业的人员进行指导和引导，使设计人员能够慢慢熟悉 BIM 技术应用的过程。在设计单位已经熟悉该 BIM 技术的应用过程之后，再慢慢增加应用 BIM 技术的工程项目的数量以及难度，随着工程项目数量以及难度的增加，设计单位的 BIM 技术团队会对 BIM 技术的了解越来越深，达到能够直接为业主方讲解 BIM 技术应用的好处，为业主方提供具有额外价值的BIM 技术服务。

最后，设计单位对于传统设计方法的态度也是一种会影响到 BIM 技术应用的要素之一。根据我国建筑行业当前的发展情况来看，直接将 BIM 技术替换掉传统的 CAD 技术是不可取的。在短时间以内，BIM 技术在设计单位的应用还需以传统二维设计方式为基础，尽量降低 BIM 技术应用带来的负面影响，同时寻找能够更有效地应用BIM 技术的方法。

（二）将BIM技术转化为生产力的方法

设计单位要想将BIM技术转变为真正的实际生产力，需要从以下两个方面来入手：第一个方面是在应用BIM技术时要寻求专业机构或者专业团队的帮助和指导。当前，我国大部分的设计单位在应用BIM技术时都会聘请BIM软件公司内部员工来对自身进行专业培训，然后设计单位的设计师会利用BIM技术去完成一个项目。在此过程中必然会遇到很多的问题，往往都是设计师自行解决这些问题，但是有很多的设计师在遇到问题后就会放弃使用BIM技术，这样就使BIM技术在设计单位难以顺利推广和使用。针对这些问题，设计单位应该认识发生这些问题的根本所在，即BIM技术在设计单位的使用，仅凭借设计师和人的力量，让设计师独自去摸索BIM技术的使用方法是很难建立起BIM技术应用系统的。因此，针对这一情况，设计单位需要聘请专业的团队或者专业的机构来帮助自身建立完善的BIM技术应用系统，为以后在工程项目设计中应用BIM技术打下扎实的基础。同时，这种方式也是建立设计单位自身BIM设计团队的一种十分有效的手段，让团队中的每一位成员真正掌握BIM技术的使用方法。第二个方面就是要将BIM技术和设计单位的业务有机地结合起来。我们知道，BIM技术的应用对于设计单位来说主要是提升设计单位的主营业务，即设计业务。因此，在应用BIM技术时，应该在自身实际的基础上去进行应用，不能够过分地去追求具有额外价值的BIM技术服务，不能出现本末倒置的现象。BIM技术在工程项目的设计阶段主要作用就是优化设计单位的设计方法，进行施工图纸设计和方案设计，所以设计单位要根据自身的实际情况将BIM技术主要应用到这两项业务之中，如果还存在余力，再研究BIM技术的额外价值服务。但要注意的是，不同的设计单位其主营的业务也会存在较大的差异，因此，设计单位需要根据自身的实际情况来选择BIM技术增值服务类型。

四、在工程设计阶段应用 BIM 技术的影响以及好处

（一） BIM 技术对设计企业的影响

BIM 技术是一种新型的设计方法，相较于传统设计方法来说更是一种先进的设计方法，将其应用到设计单位的工作中，必将会对设计单位产生巨大的影响，如设计单位中的组织结构、设计服务内容以及设计流程等都会产生巨大的影响。下面我们来详细论述一下 BIM 技术对设计企业产生的影响。

首先，设计单位的团队组织和机构会在 BIM 技术的影响下发生变化。从前述的内容我们已经知道，在设计单位中应用 BIM 技术，设计单位必须组建 BIM 技术团队。由于 BIM 技术本身的特点，在 BIM 技术团队中会出现原先设计团队中没有的职位，如制图员等，此时 BIM 技术团队中的分工必将更加明确，一般情况下团队中的绘图工作将由制图员去完成，而设计师就可以专心进行设计工作，不再为绘图、制图去分散自己的时间和精力。而制图员岗位出现还有可能带动新型的业务模式出现，就是将设计工作中的绘图工作进行外包，那么设计单位的 BIM 技术团队就能够承接更多的建筑工程项目业务。其次，在应用 BIM 技术之后设计单位的工作流程以及职责分配也会发生变化。在传统的设计方法中，设计单位的各个设计工作是独立的，但 BIM 技术的应用是通过创建模型后来生成施工单位需要的施工图纸，其中很多数据信息都是通过计算机模型来完成的，各部分之间有着一定的联系，由于新岗位的出现，如制图员等，会对设计团队中的分配机制产生影响，迫使设计团队改变自身的分配机制。最后，BIM 技术的应用会使设计单位的服务内容发生变化。在传统的以 CAD 技术为基础的设计方法中，只能进行平面图纸的设计，而 BIM 技术的应用不仅仅能够提供三维立体成果设计，更重要的是还能够通过创建的数据信息模型进行绿色建筑的分析、工程量统计

等工作，这样大大拓展了设计单位的服务范围，更丰富了设计单位服务的内容。

（二）BIM 技术的应用对设计单位人力资源配置的影响

当前，BIM 技术在我国建筑工程项目中难以得到大范围的推广和应用，除了技术方面的影响之外，另一重要的原因就是应用 BIM 技术会改变技术人员的思维方式以及工作模式，使很多相关人员难以适应这种变化，进而影响到设计单位的人力资源的配置。下面我们来具体分析 BIM 技术对于设计单位人力资源配置的影响。

首先，BIM 技术的应用对于设计单位团队分工的影响。在设计单位中，刚开始进行 BIM 技术应用时，设计单位往往会根据工程项目的目标来对人员进行安排，在这一阶段，设计单位的人员安排工作会相对比较简单，其中影响因素较少，但随着 BIM 技术应用的深入，就会涉及人力资源安排问题，此时再根据工程项目的目标来进行人员分配已经行不通了，需要考虑更多的因素来进行团队分工。根据 BIM 技术软件，在一般情况下，人员分配有两种不同的分配机制，分别是链接和工作集。其中，链接分配机制与以往的 CAD 外部参照类似，而工作集分配机制则是要将模型分为不同的子模型，将相同专业的内容集中放在一个子模型之中。在通常情况下，大型的工程项目中都会使用工作集分配机制，以对工程项目中不同部位进行协同，而在不同的专业之间则使用链接分配机制。

其次，BIM 技术的应用对团队中人员以及结构类型选择的影响。在设计单位的团队中，人员应该具备较强的学习能力，同时还需要有灵活变通的头脑，认可 BIM 技术。在团队中，其结构主要包括四种角色：一是设计师；二是构件创建人员；三是项目负责人；四是制图员。

最后，BIM 技术的应用还会影响设计单位的相关培训工作。在传统的以二维 CAD 技术为基础的工作模式中，对相关人员进行培训的时间较短，而 BIM 技术的培训则需要耗费大量的时间，并且也需要相关被培训人员付出更多的精力和财力，还不能够进行独立的培训。BIM 的这种特点会影响到设计单位的正常工作，通常情况下会采用边工作、边学习的培训模式。

（三）BIM 技术的应用对设计单位的好处

首先，设计单位应用 BIM 技术会改变自身的盈利模式，创建新的盈利模式。从前面的内容中我们知道，BIM 技术的应用不仅仅能够提升设计单位的工作效率和提升工作质量，还能够根据设计单位自身的实际情况，为业主方提供 BIM 技术的增值服务，从该服务中来直接获得经济利益，改变了传统的盈利模式。

其次，BIM 技术中的协同功能能大大地降低工程项目返工的概率，提升设计的准确性和有效性。在传统的设计方法中，各个专业是分开独立进行的，但是这种模式会因为各专业之间信息传递的不通畅导致出现更多的矛盾和冲突，并且这些矛盾和冲突只有在施工阶段才能够发现，使设计不得不进行多次变更，不仅浪费了大量的时间，还耗费了更多的精力和财力。而 BIM 技术则不同于传统技术，它能够将所有的专业有机地结合在一起，设计师能够通过 BIM 技术快速地看到其中任何一个数据信息的变化，使各个专业之间能够实现信息的呼唤和共享，提升设计的一致性和协同性。另外，通过 BIM 技术还能够进行碰撞检查，自动地发现各个专业设计之间存在的冲突和矛盾，并可以通过 BIM 技术进行修改，这样就能够有效地降低设计方案返工的概率，提升设计的准确性，进而减少施工阶段返工概率。如图 4-1 所示的工程项目，在利用 BIM 技术对其进行碰撞检查时，发现地下车库的进水管和风管发生了碰撞，消防系统和风系统发生了多处碰撞，而后使用 BIM 技术对实际进行了变更，有效地避免了返工和材料浪费。

图 4 - 1　地下车库进水管和风管发生碰撞

再次，BIM 技术的应用能够自动生成施工图纸。传统的二维设计方法需要专门绘制施工图纸，而 BIM 技术中协同功能能够根据已经设计好的图纸直接生成施工图纸，降低了时间成本以及经济成本，提升了建筑工程项目管理的管理效率。

最后，BIM 技术更有助于设计师对于建筑形态的理解。传统的二维设计方法设计出来的平面图纸需要设计师具备很强的想象能力，并且有一些不是平面的设计方案更难以在二维平面上展现出来。而 BIM 技术能够通过三维建模功能将建筑工程项目中的设计成果展现出来，使设计师能够更加直观地了解到该建筑的形态，进而方便设计师进一步的设计工作。例如，图 4 - 2 展示的天津国际邮轮码头工程项目，该项目位于天津港东港区南端岸线，是天津历史上建设的最大的邮轮码头工程项目。在该码头中，码头长为 625 米，宽 65.05 米，采用结构为高桩梁板结构。该码头能够停靠当前世界上吨位达到 22 万吨的最大的豪华邮轮，年接待游客能力达到了 50 万人次。从图 4 - 2 能够看出，该工程项目造型比较复杂，其中的异形设计也比较多，施工的规模较大，工期较短，难度较高，这些都是当时让设计师感到十分棘手的地方。在设计过程之中，设计师利用 BIM 技术，通过 BIM 技术的三维建模功能对工程项目进行了高度仿真和形象表达，实现了业主方对该工程项目所有的要求，并且施工阶段配合向施工单位展示了三维可视化模型，得到了业主方和施工方好评。另外，由于对 BIM 技术的应用，该工程项目仅仅用了九天时间就迅速完成了可给排水、暖气通风、结构、建筑以及电器安装等五个专业的建模，又仅仅用了两个月时间就向业主方提交了所有的专业施工图，极大地缩短了该工程项目的周期。

图 4 - 2　天津港国际邮轮码头工程项目效果示意图

第二节　BIM 技术工程施工以及
运营阶段的应用分析

一、在工程项目施工阶段 BIM 技术应用分析

（一）工程项目施工阶段 BIM 技术应用分析

在施工阶段，BIM 技术的应用主要表现在以下几个方面，具体分析如下：

首先，BIM 技术在施工阶段的应用能够优化整体施工方案，并且借助 BIM 技术的强大功能能够对施工阶段进行四维处理。在 BIM 技术平台中，可以将施工阶段进行四维处理，其中包括三维几何立体坐标轴和时间轴，具体来说就是进度计划。借助 BIM 技术的四维处理功能，施工单位可以对天、周、月、季度等施工进度进行有计划的分析，并且能够根据施工现场的实际情况来及时发现问题，并做出必要的调整，从中寻找出最优的施工方案。除此之外，借助 BIM 技术还能够对工程项目中的一些重点以及难点进行预先的施工模拟，便于施工单位对施工的顺序、施工的工艺进行优化和分析，最终保障施工方案能够更加完美。

其次，BIM 技术在施工阶段的应用能够对其中的施工项目进行虚拟。利用 BIM 技术对工程项目进行虚拟设计，对于工程项目整体的施工进度以及施工质量来说，它的意义和作用都是十分巨大的。这主要是因为：一是通过 BIM 技术能够对实际的工程项目进行模拟，从而精准地把握施工阶段的施工进度，有利于施工单位根据施工进度的实际情况做出相对应的调整。二是通过 BIM 技术中的协同功能能够让工程项目中的所有参与方对工程项目当前的实施情况有一个客观和准确的把握，并且还能够及时地发现施工期间存在的问题，并能够及时地解决。此外，通过 BIM 技术所提供的信息平台，工程项目中所有参与方都能够进行顺畅的信息交流会和互换，实现信息之间的共享，保障信息之间的对称，进而减少各参与方之间因为信息沟通不顺畅导致不必要的矛盾和冲突。

再次，BIM 技术在施工阶段的应用能够将建筑工程以三维动画的形式展现出来，并进行设计和渲染。如果建筑产品在进行销售的过程中还处于施工阶段，此时，业主方就能够通过三维动画来模拟整个建筑工程项目，并且用基础三维动画的渲染来吸引更多的客户。但要注意的是，借助三维动画来进行模拟的期间，如果没有准备充足的素材，这样就会造成动画渲染十分复杂，相应的动画效果也不能够满足业主方的要求。在传统的广告宣传过程之中，其投入的资金、时间以及精力都十分巨大，这样的方式不仅不经济，也没有太大的实用价值，因此，这种宣传工作的效率是极低的。而 BIM 技术能够提供整个建筑工程项目所有的数据信息，有助于提升三维动画以及工程仿真的质量以及渲染效果，也能真实地反映出整体工程项目。

最后，BIM 技术在施工阶段的应用能够实施模型校验。BIM 中的三维技术能够将建筑工程项目所有的相互据信息输入计算机系统之中，然后通过虚拟结果和实际工程项目时间的进行对比，这样就能够通过对比及时地发现施工工程之中出现的问题，并加以解决，帮助建筑工程项目实施校验。除此之外，业主方还能够更加方便地欣赏整个建筑工程项目的最终实施效果图，可以帮助业主方对建筑工程项目进行一定的调整。

（二）在工程项目施工阶段应用 BIM 技术的好处分析

第一，在工程项目的施工阶段应用 BIM 技术能够进行碰撞检查。在传统的以 CAD 技术为基础的设计方法中，不同的专业在设计图纸时都是分开独立进行的，只是在施工开始前通过总工程师检查以及校对去发现其中存在的问题，但是这种检查结果会存在比较大的误差，同时也会浪费大量的时间和精力。而建筑工程项目对工期有着十分严格的要求，因此使用这种检查方法必将影响到工程项目完工的时间。事实上，在建筑工程施工阶段，最不想遇到的问题就是设备、管线等方面的碰撞问题，这一问题一旦在施工阶段出现，轻则进行返工，重则需要部分重新进行，甚至需要全部进行重新布置，这样不仅会耽误施工进度，延误工期，还会造成极其严重的经济损失。而在施工阶段利用 BIM 技术就能够有效地避免这些问题的发生，这是因为，BIM 技术具有碰撞检测功能，可以在设计阶段就发现其中存在的碰撞可能，并及时地给出合理的解决方案，进而有效地减少在施工阶段因为出现管线碰撞问题而导致工期的延误以及经济上的损失。例如，在上海轨道交通十一号线北端的风水电安装工程施工过程之中，通过应用 BIM 技术对管线施工进行了碰撞检测，检测出了多达 112 处的碰撞问题，其中可以规避的问题有 93 处，通过设计单位解决了 19 处问题，有效地减少了各个专业之间工序的交叉，避免了返工、工期延误现象的发生，节约了 30% 左右的费用。另外，在完成设备安装之后，相关人员将所有的信息输入计算机中，全面掌握了资料，并能随时进行查询。

第二，在工程项目的施工阶段应用 BIM 技术可以进行施工规划调整。BIM 技术能够实现对施工阶段的量化管理，能够以现场的实际情况为基础进行工程评估，并制定出新的施工规划方案。

第三，在建筑工程项目施工阶段应用 BIM 技术能够有效地避免一些十分严重的问题发生。利用 BIM 技术对建筑工程项目进行虚拟，在进行施工以前就能够清楚地把握每一个阶段的实际施工情况，及时地遇见一些可能会发生的问题，并且还能够在设计阶段采用解决策略，避免影响到施工的全过程。除此之外，在施工的过程中，施工人员还能根据建筑模型更好地掌握图纸中的信息，有效地避免错误理解图纸信息的现象发生。

第四，在工程项目的施工阶段应用 BIM 技术可以实现零库存。零库存这一概念最早是用在工业生产过程中的一个名词，在传统的建筑工程项目管理中，由于对于现场的建筑材料管理难以实现充分利用，因此零库存也被应用在建筑工程项目之中。但是通过 BIM 技术就可以对施工过程以及施工材料进行五维管理，从而实现零库存的目标，进而最大限度地保护业主的经济利益。

第五，在传统施工中，其进度控制方法能够对前期阶段的进度计划进行优化和完善，但其中的缺陷是工程项目的管理者只能够对进度计划中的一部分进行完善和优化，具体来说就是优化不够充分，造成此问题的主要原因是传统的极度控制方法可视性、协同性较弱，并且传统方法中的横道图、网络计划图等工具存在着缺点。而通过 BIM 技术中的进度管理功能能够在虚拟模型之中对施工过程进行反复的模拟，使那些可能在实际施工中的问题提前在模拟的环境之中出现，并能够对这些问题进行修改，制定出应对的措施，使进度计划和施工方案能够保持最优，然后以高进度计划和施工方案为指导去进行实际施工，保证工程项目施工过程顺利完成。例如，在苏州星海生活广场工程项目中，该工程项目就使用了 BIM 技术对施工过程进度进行控制，最终减少了约三成的信息请求，减少了两成的人力以及物力的浪费，减少了设备采购的 5%。图 4 – 3 显示的是不同控制方法的对比。

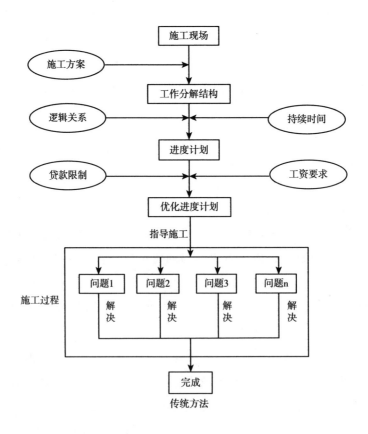

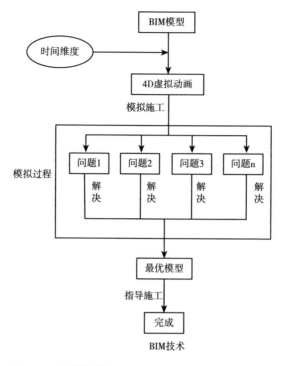

图 4 - 3　传统控制方法和 BIM 技术控制方法的对比

二、BIM 技术在工程造价管理中的应用分析

（一）BIM 技术在工程造价管理中的关键技术

首先来看建模算量。通过 BIM 技术能够实现模型建立，进而实现信息化建设。在该模型中集成了工程项目中所有的相关信息，并且其中的数据精准度达到了构件级别。另外，BIM 技术能够实现工程量的自动计算，并能够形成强大的结构化数据库，为建筑工程项目提供了良好的平台。其次是工程造价分析。通过 BIM 技术，利用其中的成本分析软件能够实现和 BIM 软件中的建模软件无缝连接。另外，BIM 模型中的数据还能够实现组件成本的准确分析，实现了框图出量计算价，将其中的图形信息和造价反差变成了可能，同

时，BIM 技术为造价过程分析提供了技术上的支持。再次是电子数据系统、集 EDS 系统。该系统能够为建筑企业层级以及项目层级的信息流通提供技术支持，同时还能够提升企业层级的运营管控能力，是企业层级信息化的大数据库。最后是移动数据客户端。通过将 BIM 浏览器和电子数据相连，能够实现快速查看建筑工程信息模型、调用数据以及进行资料管理等功能。此外，还可以通过电子数据系统实现建筑企业集成化管理和工程项目各个阶段的成本对比管理。

（二）在工程造价管理中应用 BIM 技术相应原理分析

首先，在建筑工程项目的工程造价管理中应用 BIM 技术就是为了实现过程控制目标。但目前在建筑工程项目的工程造价管理中采用的还是传统型的管理方式，而这种传统型的管理方式只有在建筑工程项目施工完成之后才能够对工程项目进行全面和客观的了解，但是这一过程无法保障工程造价的准确性和可靠性，容易引起业主方和施工方因工程款问题的矛盾和冲突。而 BIM 技术的应用能够在工程造价管理中有效地控制风险，实现精细化管理，保障工程造价管理能够稳步进入过程管控的阶段。

其次，BIM 技术的应用能够对工程信息随时访问和链接，实现数据信息的交互性和准确性。从前面的内容我们知道，工程造价管理会向过程管控发展，那么就需要有先进的数据系统作为支撑。而 BIM 技术的实质就是数据信息的整合和分析，是在庞大数据基础上建立起来十分有效的模式，它能够为工程造价管理迈向过程管控提供技术支持，通过构建出涵盖所有信息的数据库，各参与方均可以在此数据库中获得自己所需要的数据信息。

最后，BIM 技术的应用随 BIM 技术的不断完善其在建筑工程项目中的应用越来越广泛。BIM 技术的核心就是其内部的庞大数据库，在该数据库的基础上，BIM 能够对建筑工程项目中所有数据信息进行储存，同时通过创建的数据模型对信息进行动态的调整，保障数据信息的及时更新。

（三）BIM 技术应用前后工程造价管理模式变化分析

BIM 技术的应用对工程造价管理模式带来了巨大的变化，如表 4－1 所示。

表 4－1　BIM 技术应用前后工程造价管理模式变化分析

工程造价管理模式	BIM 技术应用之前	BIM 技术应用之后
工作方式	咨询单位和各参与方点对点形式	各参与方组成工程项目信息面的形式
采购模式	设计—招标—施工模式、设计—施工模式	IPD 模式应运而生
组织结构	以造价咨询机构为主的流线性组织结构	各参与方抽调人员组成造价管理小组的矩阵组织结构

从表 4－1 能够看出，BIM 技术的应用给工程造价管理模式带来了变化主要体现在三个方面，即工作方式方面、采购模式方面以及组织结构方面。其中，采购模式在应用 BIM 技术之后逐渐由原来的设计—招标—施工模式、设计—施工模式，即 DBB 模式和 DB 模式转换成 IPD 模式。在传统的采购模式之中，具有费用高、责任不清、衔接刻板、协调困难、索赔多、施工性差以及变更频繁等缺点。但在 BIM 技术应用后，IPD 模式十分有效地解决了这些传统模式中信息难以进行共享的问题。在工作方式方面，发生了由点向面的转化。在传统的工程造价管理中主要是以咨询单位为主导，在管理的过程中也是咨询单位和各参与方进行单独交流沟通，而 BIM 技术的应用打破了这种的交流沟通的模式，实现了工程项目中各参与方自行组成工程项目信息面并协同工作的方式。在组织结构方面，BIM 技术的应用使原本的流线型组织结构转换成矩阵型组织结构，矩阵型组织结构最大的

特点就是能够实现信息的及时传递和共享，对工程项目中的所有参与方共同管理工程造价有着极大的促进作用。

（四） BIM 技术在工程造价管理中应用的优势分析

从 BIM 技术的概念能够看出，它是一种在建筑工程项目中能够建设设施物理以及功能特征的数据信息表达技术，也是一种能够实现数据信息交换和共享的载体，还能够为建筑工程项目提供全生命周期的决策依据。在现阶段，我国在建筑工程项目管理中还是采用阶段性造价管理，没有实现全生命周期的造价管理，这样就造成了各个阶段的各参与方之间数据信息的不连续、不系统问题，给其带来了信息沟通上的阻碍，而 BIM 技术的应用能够打破这一限制，在建筑工程项目的不同阶段以及不同的参与方中都能够在 BIM 模型中进行信息输入和输出，从而实现了信息的更改和更新，实现了系统共享工作。

从 BIM 技术的特征来看，依据 BIM 建立的信息模型是包括建筑工程项目全生命周期的以及所有参与方的集成化的信息平台。在该平台之中，能够实现建筑工程项目信息的共享、协同，对于解决工程造价中的诸多问题有着很好的功效，如能实现各个阶段各参与方之间的数据信息的传递以及协同工作。总的来说，BIM 技术在工程造价管理中的应用能为建筑工程项目全生命周期提供可靠的依据和基础。

从 BIM 技术的参与者角度来看，建筑工程项目中的各参与方认为 BIM 技术的价值是存在差异的。根据美国 CIFE 的研究结果，应用 BIM 技术的优势包括：首先，应用 BIM 技术能够消除超出预算约 40% 的变更；其次，应用 BIM 技术能够控制造价的精度处于 3% 以下；再次，应用 BIM 技术缩短了工程造价预算时间，其程度约为 80%；最后，应用 BIM 技术将合同的价格降低了约 10%，将项目时限缩短了约 7%。总的来说，应用 BIM 技术从根本上改变了工程造价管理模式。

综上所述，BIM 技术在建筑工程项目造价管理中的应用价值主要表现在以下几个方面。

首先，BIM 技术的应用提升了建筑工程项目参与方的协同能力：在工程造价管理中应用 BIM 技术实现了横向和纵向的信息动态分析、协同以及共享功能，这一功能能够为建筑工程项目中各参与方在成本控制以及建筑市场的透明度提升等方面提供了重要的推动作用，也为建筑工程项目工程造价全生命周期管理提供了必要的技术支持。

其次，BIM 技术的应用提高了工程量计算的效率：在工程造价管理中，其核心的内容就是工程量的计算，其是工厂造价管理中所有管理活动的基础和前提，如工程投标、商务谈判、成本计算、进度支付以及合同签订等。在应用 BIM 技术的过程中，通过其中工程量计算软件根据相关计算规则进行实体扣减运算，不仅能够提升工程量的计算准确度，还能够在计算的同时输出电子文档，以供建筑工程项目各参与方进行信息的互换、存档、共享以及传输。此外，同一建筑工程项目中的不同专业参与方也不需要重新进行建模，只需要在已经建立完成的数据信息模型中输入自身专业的信息，便能够得到自己想要的结果。同时，BIM 技术中的算量软件使造价师摆脱了机械测量工作的限制，让造价师有更多的时间和精力专注于询价、成本控制、评估等有意义的工作中去，有更多的时间投入造价管理中去。

再次，BIM 技术的应用提升了工程计算量的准确率：对于 BIM 模型的数据库来说，其最重要的功能就是用来存储建筑工程项目各个构件的信息，并且造价人员能够在计算的过程中随意提取这些构件的信息，这样不仅提升了计算的效率，也有效地减少了人员在计算过程中出现主观错误的概率，从而得到更加准确、客观的数据。除此之外，随着云端计算技术的不断发展，给 BIM 技术算量的智能检查以及提升数据模型计算的准确度提供了可能。

最后，BIM 技术的应用提升了工程造价管理前期的管控能力：从前面的内容我们知道，BIM 技术中的算量软件能够快速和准确地将工程量计算出来，并且相关的设计人员能够及时地获取这些建筑工程项目信息和数据，这样就提升了建筑工程项目造价前期的管控能力。除此之外，BIM 技术的应用还能够更好地处理设计变更问题，例如，在传统的建筑工程项目管理模式之中，当发生设计需要变更的问题后，造价人员需要在相关的软件中找到其中发生变化的构件信息，然后才能够对其进行调整或者修改，这样的修改过程不仅工作效率较低，还降低了数据的准确性。而应用 BIM 技术将 BIM 软件和成本计算软件结合起来能够有效地解决这一类问题，主要是因为通过 BIM 技术所建立的模型能够将构件信息和成本信息结合起来，可以更加直观地对需要变更的内容进行调整或者修改，最终得出结果。同时，设计人员也能够及时地掌握变更后的信息，并且及时地了解到设计方案的变化对成本的影响，也能够方便业主方在建筑工程项目前期阶段就能够掌握对成本的控制。

（五）BIM 技术在工程造价管理中应用的阻碍因素分析

BIM 技术在我国的发展到今天，我国建筑行业的信息发展的核心内容依然还是促进 BIM 技术在建筑行业的深度应用以及发展，根据相关的调查显示结果显示，在接受调查的企业中，但目前为止还没有开始推行 BIM 技术的企业约占被调查企业总数的 25%，已经普及了 BIM 技术相关知识的企业占 38% 左右，进行了 BIM 技术项目试点的企业占 26% 左右，其中已经大面积开始使用 BIM 技术的企业仅仅占总数的 10% 左右，占比很低。根据以上的调查结果能够看出，在近些年来，BIM 技术在我国的应用虽然得到了一定的发展，各企业应用 BIM 技术的频率也有所提升，更多的企业认识到了 BIM 技术的重要性，但就总体情况来看，进行大面积推广 BIM 技术的企业数量还比较少，从目前来看，我国的建筑工程项目中应用 BIM 技术的都是一些大型的、比较复杂的以及投资较多的建筑工程项目，在其他类型的建筑工程项目中应用 BIM 技术的很少。因此，当前我国建筑工程项目在造价管理中应用 BIM 技术的很少，并且一些已经应用了 BIM 技术的建筑工程项目，在造价管理之中仅仅是应用了 BIM 技术的 3D 模型算量，并没有将 BIM 技术完全应用在建筑工程项目的成本管理之中。

综合前三章的我国建筑行业现状、BIM 技术在我国发展现状整理出了我国当前 BIM 技术在建筑工程项目工程造价管理中的阻碍因素，主要体现在以下三个方面。

1. 技术方面的阻碍因素

首先，当前在工程造价管理中应用 BIM 技术，工程造价管理流程受到制约。工程造价管理工作的全生命周期包括设计概算、投资计算、施工预算以及竣工结算等内容。在当前阶段，国内使用 BIM 技术的方式主要是在设计阶段使用 BIM 技术模型软件进行专业的建模，然后通过该模型进行工程量的计算，再将计算出的结果应用到其他方面，这样不仅减少了造价人员的工部压力，还节省了大量的时间和成本。但是在这一工作流程中存在着缺陷，由于我国建筑工程项目相关法律规定，在工程造价管理中要实行造价人员结果负责制，这样就使工程造价管理要想应用 BIM 技术就需要造价人员在前期介入管理工作之中，但是从现实情况来看，这种要求是很难达到的。

其次，软件信息不对称导致的数据接口不统一。当前，国内的造价软件，如鲁班、广联达等，造价人员需要根据图纸在这些软件之中建立模型，然后该软件会按照国内发布的规范，并根据实际的施工构件以及施工工艺的情况进行工程量的增加或者减少。因此，造价人员要想应用 BIM 技术模型对造价进行编制，就必须对模型进行分析和筛选，从中找到能够满足造价精度的项目信息。但是，软件信息的不对称导致工程造价管理不能够直接应用 BIM 技术模型，如果要想实现 BIM 模型的这种功能，就需要在设计建模的过程中充分考虑差异所带来的问题。

2. 应用环境方面的阻碍因素

这一方面的阻碍因素主要体现在 BIM 技术标准的缺失以及业主方应用 BIM 技术意识淡薄两个方面。首先，BIM 技术标准的缺失。从前面的章节中我们已经知道，国外的发达国家，如美国在 2009 年制定了面向 DBB 模式的相关 BIM 实施标准，英国以及其他亚洲的发达国家也相继发布了 BIM 技术的使用标准。而我国在 2012 年才对 BIM 技术使用标准有了一个基础性的推广，当时，住建部首次批准了五个建筑工程 BIM 标准的编制工作。从我国已经颁布的技术标准能够看出，当前我国颁布的标准对于建筑设计模型以及模型的精度都做出了相应的要求，而在工程造价管理方面仅仅只是对构件的信息以及模型建立的流程进行简单的描述，没有做出具体的标准要求，这样对工程造价管理中应用 BIM 技术的作用微乎其微。其次，业主方对于应用 BIM 技术意识比较淡薄。自 BIM 技术进入我国以来，我国的相关学者就提出在建筑工程项目中应用 BIM 技术，业主方、承包商、设计方等建筑工程项目参与方都能够从其中得到益处。业主方在其中获得的益处是最大的。因此，作为建筑工程项目的组织者和监督者，业主方应该积极地推动 BIM 技术的应用，只有业主方强制设计单位、施工单位等才能够有效地推动 BIM 技术的发展。但是从实际情况来看，只有极少一部分的建筑工程项目应用 BIM 技术是因为业主方提出了必须使用 BIM 技术的要求。因此，当前，业主方对应用 BIM 技术意识淡薄也是工程造价管理中应用 BIM 技术难以得到推广的重要因素之一。

3. 组织管理方面的阻碍因素

在这一方面主要的因素为：首先，在现阶段，我国缺乏复合型人才。当前，国内极度缺乏 BIM 技术人才，并且一些计算机人才也不能快速地跨专业进入建筑工程项目建设之中。所以人才的缺乏就导致了 BIM 技术在工程造价管理的应用无法真正实现。并且，造价人员需要同时掌握造价知识以及计算机相关的知识和技能，这就对我国的人才提出了更高的要求，也给 BIM 技术在我国建筑工程项目工程造价管理中应用带来了更大的挑战。其次，BIM 软件的共享性较差。建筑工程项目的各参与方在使用的过程中需要对数据进行重新输入，没有实现 BIM 技术中的共享功能，浪费了大量的时间和精力，提高了成本。根据相关的调查显示，BIM 软件中的协同能力在 BIM 应用的影响因素中占比为四成左右，这说明协同能力对 BIM 技术的应用造成的影响还是比较大的。如果不能够有效地提升 BIM 软件的协同能力，那么 BIM 技术在工程造价中的应用难度将会不断加大。最后，施工方成本增加的因素。在建筑工程项目中，要想在工程造价管理中应用 BIM 技术，就必须满足硬件以及软件方面的需求。对于企业来说，在此过程中需要根据自身的实际情况来确定硬件需求和软件需求，但要注意的是，软件需求也是一大笔费用开销，如果项目对于软件的需求更大，那就需要花费更多的费用，但是这类费用不会计入建筑工程项目总造价中，所以一些施工方就不会采用 BIM 技术。

（六）应用 BIM 技术对工程造价管理中的问题的解决程度

建筑工程项目的建设周期在通常情况下都比较长，成本高并且规模较大。此时的工程造价管理应该按照建设的程序来进行，做到保证在各个阶段的多次计价，这样有助于提升工程造价的合理性和准确性。图 4 - 4 显示的是整个过程。

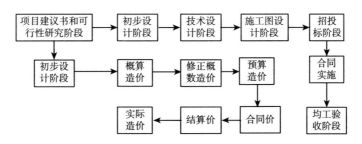

图 4 - 4　工程造价阶段造价示意图

由于当前建筑工程项目的工程造价管理中存在很多问题，并且形成这些问题的原因是十分复杂的，涉及的方面较多，所以应用 BIM 技术对这些问题的解决程度也是存在差异的。例如，一些问题在应用了 BIM 技术之后得到了彻底解决，而一些问题在应用 BIM 技术之后只解决了其中的一部分或者有的问题通过 BIM 技术也无法解决。表 4 - 2 显示的是应用 BIM 技术之后这些问题的解决程度。

表 4 - 2　　　　　　　应用 BIM 技术后的问题解决程度

问题序号	问题具体内容	应用 BIM 技术	解决程度
1	造价和市场之间的联系不够紧密	无法解决	无法解决
2	人工造价耗费大量的精力和时间	BIM 技术自动进行造价，且数据更加精确	完全解决
3	造假人员和其他岗位人员工作配合效率较低	BIM 技术能够实现岗位共享	完全解决
4	不同维度的造价数据需要多次计算	实现了数据抽取，有利于对比	完全解决
5	全过程进行多次计价较为困难	信息模型能够实现全过程造价管理	部分解决
6	造价数据更新和维护较慢	BIM 信息模型能够直接作用于造价数据，无须重复计算	部分解决

（七）BIM 技术在工程造价管理中应用的建议

针对前述内容中的阻碍因素，提出了以下建议：

首先，我国应该尽快制定出 BIM 技术在建筑工程项目应用的相关技术标准，对工程造价管理中的工作进行标准的制定。我们知道，BIM 技术标准的缺失限制了 BIM 技术在我国建筑工程项目管理中的应用，因此，BIM 技术要想实现广泛应用就必须建立起一套完善的 BIM 技术标准体系。

其次，应该支持和鼓励建筑工程项目各参与方积极应用 BIM 技术，国家可以制定在建筑工程项目的造价管理中应用 BIM 技术的优惠政策，对该行为进行奖励。另外，我国还需要进行 BIM 软件开发，实现数据信息以及数据接口的统一。同时还需要培养更多的 BIM 技术方面的复合型人才。

三、BIM 技术在建筑工程项目运营阶段的应用分析

（一）运营阶段应用 BIM 技术分析

根据相关研究，在过去的几十年的发展中，世界范围内的建筑行业生产力没有取得根本性的发展和进步。造成这种情况的原因主要有两个方面：一是建筑工程项目随着时间的推移越来越复杂，但是管理过程却没有跟上建筑工程项目发展的脚步，还处于不规范的阶段，使各个专业之间的协同很难进行，这就需要将大量的时间、资金以及人力等浪费到管理的内部协调工作之上，这不符合科学管理的要求；二是在建筑工程项目管理过程中对于数据信息的管控能力较差。我们知道，在建筑工程项目管理的过程中会涉及海量的数据信息，很难从这些数据信息之中找到有价值的东西，这样导致很多的决策都是在凭借决策者的经验，没有数据信息的支持。这两点原因使全世界范围内建筑行业 BIM 技术发展缓慢，甚至停滞不前，但是传统的管理模式又无法有效地解决这些问题。

而 BIM 技术的出现对于解决上述内容所述的问题有着十分重要的作用。正是因为建筑工程项目越来越复杂，而管理又不规范，使各个阶段、各个专业之间的协同难以进行，而海量的数据仅仅依靠人工难以实现整理和归纳。而 BIM 技术能够建立三维模型和数据库，不仅能够存储大量的数据信息，还能够根据信息的不断变化进行动态管理。因此，在建筑工程项目的运营阶段应用 BIM 技术能够有效地提升管理效率。

（二） 在运营阶段应用 BIM 技术的好处

类型不同的建筑工程项目在运营阶段的管理也不尽相同，所需要的维护措施不一样，自然就会影响到建筑的运营以及维护的成本。在不同类型的建筑工程项目中，相较于其他的建筑工程项目，公共建筑和一些基础设施在后期的维护费用一般比较高，这一点与公共建筑及基础设施本身的属性有很大的关联，另外，还与对这些建筑的管理方式以及相关的技术水平有关联。而 BIM 技术应用在建筑工程项目的运营阶段，能够为此阶段的管理工作提供建筑工程项目中所有的数据和信息，使运营管理工作能够以这些数据信息为基础来进行管理，这样就能够大大地减少运营阶段的管理费用，进而减少业主方以及运营方的经济损失。

除此之外，在运营阶段应用 BIM 技术不仅能够提供建筑工程项目详细的相关数据信息，还能够提供建筑工程项目交付之后的一些数据信息，其中包括建筑的使用年限、入住率等，与此同时还能够对这些数据信息进行更新处理，方便运营方进行管理。另外，在运营阶段应用 BIM 技术还有利于进行计划管理，如很多的零售商为了扩大自己的经营规模，往往会选择开设分店，并且这些分店的位置都在不同的地理位置上，那么在安排这些分店的地理位置时就可以应用 BIM 技术对其进行规划，根据每个地段的消费信息、居住人口信息等信息来判断该位置是否合理。

目前，在我国已经完成的建筑工程项目中，北京奥运村工程项目就是利用了 BIM 技术在运营阶段进行规划和管理。在建设的过程之中利用 BIM 技术建立了完成的数据库，在完成规划之后，BIM 系统就自动生成了周围相配套的设施模型，如奥运村周围的物流服务、物质保障等。目前，我国应用 BIM 技术的案例还没有很多，BIM 技术的优势还没有被完全挖掘出来，因此，这就需要我们不断努力，推广 BIM 技术在运营阶段的应用，发挥出 BIM 技术的优势。

（三）销售过程中应用 BIM 技术的好处

在销售过程中应用 BIM 技术的好处主要体现在两个方面：第一，应用 BIM 技术能够利用三维效果图更加生动形象地展示产品。当前，国内的很多开发商都会选择使用三维技术对房产进行模拟，并将建立的房产三维模型上传至自己的官网来进行宣传，这样就大大方便了客户，客户自身即使不去现场看房也能够根据这些三维模型对房子的位置以及空间结构等方面有一个细致的了解；第二，应用 BIM 技术可实现虚拟漫游。应用 BIM 技术能够将虚拟现实技术引入房产销售过程之中。在通常情况下，房产销售都是以二维平面的方式来展示建筑的效果，如建筑整体效果图、样板间装修效果图等。但是这些二维的效果图对于客户来说，需要客户有较强的空间想象力，这就在无形之中增加了客户和销售人员之间的交流困难。但是通过 BIM 技术将虚拟现实技术引入销售过程之中，不仅能够让客户通过交互界面在虚拟的环境中进行漫游，使客户仿佛置身于建筑内部之中，客户有更加直观的感受，进而充分地了解建筑的内部空间形态，还能够加强客户和销售人员之间的交流和沟通，同时方便客户做出是否购买的选择。除此之外，这种虚拟现实技术不仅能够应用在房产销售过程之中，在一些其他类型公司的网站上也引进了这一技术，如购物中心利用该技术能够让客户感受商业中的气氛等。

第三节 BIM 技术安全监控阶段的应用分析

在建筑工程项目中，BIM 技术的应用已经成为建筑行业发展的一大趋势，面对越来越复杂化的建筑工程项目，应用 BIM 技术已经成为必然。以下本书将从安全角度出发，进一步对 BIM 技术在安全监控中的应用加以分析。

一、BIM 技术在工程安全监控管理中的应用步骤和条件

（一）应用步骤分析

BIM 技术在建筑工程项目的安全监控管理方面的应用，需要将时空、模型、思维等元素融合在一起，只有这样才能实现整个建筑工程项目整体性的安全监控管理以及控制，无论是初步的安全监控管理还是深层次的管理，都需要通过上述元素的融合来实现安全监控管理，进而更好地呈现出建筑工程项目的安全监控管理效果。同时，对于需要在安全层面进行整改的问题来说，也能够借助 BIM 技术创建模型来直接修改，直到产生最可靠、最安全的施工方案。事实上，在应用 BIM 技术进行安全监控管理时，实现了空间模拟和思维模拟两个方面模拟的结合，并且还将建筑工程项目中现场情况、资源情况等进行整合，生成 4D 甚至 5D 的集成化管理模型。一般来说，在安全监控管理中应用 BIM 技术的步骤可以分为三步，下面我们来具体分析。

首先，构件建筑工程项目的数据模型。在建筑工程项目的安全监控管理中应用 BIM 技术，最重要的就是构建出 4D 或者 5D 数据模型，使安全监控管理本身具备直观性，这样就能够更加精确、更加全面地呈现给施工方以及业主方。在安全管理中创建的 4D 或者 5D 数据模型主要通过传统的模型、时间以及空间的融合而形成，在通常情况下，模式借助建模软件进行关联，遵照 IFC 标准以及业主方的要求来实现模型的创建，这种方式相较于传统方式来说，更加高效和准确。

其次，对建筑工程项目安全监控信息进行集成。我们知道，信息的整合、集成以及管理是 BIM 技术区别于其他技术的一个重要的特征，通过 BIM 技术中的数据库以及数据集成系统能够实现包括模型信息、机械设备信息、劳务分包信息以及施工信息等方

面信息的关联和处理。如果这些工作要使用传统的管理方法是很难完成的，但是 BIM 技术不仅可以完成这些工作，还能够在完成的基础上更加准确、高效地完成这些复杂信息的分析、整合以及处理，从而使以 BIM 技术为基础的数据信息模型能够更加直观地表现出工程项目的实际情形，最终实现对安全监控管理的便捷化以及清晰化。

最后，建立 4D 或者 5D 安全监控管理数据模型系统。对于安全监控管理人员来说，他们需要借助 4D 或者 5D 数据模型来实现对整个工程项目的安全监控管理部署、现场作业人员安排、机械控制以及组织方案的明确。这些在 BIM 技术中主要表现为安全监控管理模型系统的设计，利用该系统就能够将整个建筑工程项目的安全监控管理实现可视化以及对现场进行模拟，进而帮助施工单位实现动态化的安全监控管理，保障安全监控效果，还能够对后续的管理产生积极的影响。

（二）应用条件

BIM 技术应用在建筑工程项目的施工过程之中，除了能够为整个建筑工程项目建设打下良好的基础，提升成本管理水平以外，还能够实现建筑工程项目施工的可视化以及安全监控管理和现场管理的精确化，从而实现建地文献因素对施工的影响，减少因为安全方面问题而导致的延误工期等问题。总的来说，BIM 技术在安全监控管理之中的应用，毫无疑问是一次有益的尝试，其最大的优势就是在应用的过程中，由施工单位进行主导，安全管理人员进行深度应用。从目前来看，在一些建筑工程项目的相关招标文件中，投资方会要求在建筑工程项目的各个阶段应用 BIM 技术，以发挥出 BIM 技术在安全监控管理之中的作用，但要注意的是，BIM 技术的应用并不是急于求成的事情，它需要一系列的先决条件才能够实现。这些条件主要由硬件和软件两个方面构成。

从硬件方面来看，BIM 技术的应用需要相关的计算机硬件配置为基础，当前 BIM 技术应用的硬件配置如表 4 - 3 所示。

表 4 - 3　　　　一般建筑工程项目 BIM 技术应用硬件配置

类型	基本要求	具体配置
系统	WIN7 以上的操作系统，符合要求的浏览器	WIN10 操作系统，IE11 以上的浏览器
硬件配置	内存 2G 以上，硬盘 500G 以上，独立显卡，百兆以上的网卡	内存 4G 以上，硬盘 500G 以上，独立显卡，百兆以上网卡
网络配置	允许共享	20M 光纤接入

从软件方面来看，在软件方面主要包含两个部分：第一个部分由 BIM 技术应用所需的一系列软件系统构成，这些软件构成了 BIM 技术应用的根本基础，具体包括一些建模软件和后台配置系统，如鲁班建模系统等。第二部分由 BIM 技术标准构成，这是为了避免交付结果的不同，要求在 BIM 技术应用之前使用统一的标准进行管理，从而实现对信息的标准化管理。

二、安全组织管理的 BIM 技术应用

从 BIM 技术的实质来看，BIM 技术在建筑工程项目安全管理中的应用就是对传统的安全管理的一种有效补充。但是因为 BIM 技术对于我国来说属于一种新型的应用技术，因此，当前我国在安全管理中对 BIM 技术的应用还处于摸索的阶段，应用的规范性、专业性以及全面性都还需要进一步加强。基于此，下面将从组织管理的角度对 BIM 技术应用于安全管理中进行详细分析。

（一）精细化安全组织管理需求

当前，国内大部分建筑企业在安全管理中表现出了粗放式的组织

管理，几乎所有的建筑工程项目都是管理人员根据自身的经验来实行安全管理的，这样的管理方式直接导致在很多的建筑工程项目中存在着安全隐患，安全管理的效率极低，需要进行进一步的完善和优化。BIM 技术以信息技术为基础，能够有效地改善传统的建筑工程项目管理模式，从而实现科学和精细化安全组织管理，进而成为当前建筑工程项目改进和优化安全组织管理的重要方式之一。从根源上讲，精细化安全组织管理需要覆盖建筑工程项目从开始到完成的全部阶段，同时还需要注意其中的很多细节，并以这些细节为基础来进行工作流程细化、任务分配，甚至是岗位安排和人员配置，从而达到以最低的成本获得最大的安全管理效果。

首先，建筑工程项目安全组织管理需要进行标准化。要想实现安全管理的最优化，在所有的建筑工程项目中都需要根据需求来实施组织管理标准化体系，并要以此为基础对整个建筑工程项目实施全过程、全人员的安全管理，最终推动建筑工程项目安全要素的规范化和标准化。在一般情况下，建筑工程项目的标准化需要以安全组织管理标准化为基础，其中标准化的范围包括组织架构体系对人员、资源等方面。

其次，建筑工程项目对总体目标管理需要进行精细化。任何的建筑工程项目都存在一定的安全管理范围，在总体安全目标的基础上，对各项安全工作任务进行精细化管理和分配任务，从而实现对各个安全环节的精确控制。另外，在对总体安全目标进行精细化管理的过程中，不仅要做到基础的层层分化和有效落实，更重要的是要结合组织管理的岗位、智能等去确定关键岗位的具体职责，避免出现多头管理以及管理过程中互相扯皮的现象，最终创建出一个权责分明、分工明确的安全组织管理体系。

最后，建筑工程项目的安全管理有跟踪检查和整改的需求。对于建筑工程项目精细化管理来说，安全管理的精细化是建筑工程项目安全管理跟踪检查和整改的重要落脚点，不管建筑工程项目的决策水平如何，都需要在施工的过程中落实安全管理，如果没有落实安全管理，那么再好的决策都无法发挥其应有的作用。而对于决策落实来说，在安全管理中体现就是持续的跟踪、考核以及检查。因此，建筑工程项目的安全管理主要是以跟踪检查以及强大的组织管理为基础的，而 BIM 技术在支持持续的跟踪、考核以及检查方面有着巨大的优势。

（二）安全组织管理 BIM 技术的协同作用

我们知道，精细化管理的关键在于细节以及精确，因此对于建筑工程项目的安全组织管理的精细化来说，必然是要十分注重细节，但要注意的是，这种细节性和精确化的工程项目管理并不仅仅是依靠领导进行细致化管理就能够实现的，更重要的是要在整个建筑工程项目开展过程中的不同职责人员、不同岗位的积极参与，在每一个岗位、每一个工种都要做到细致和精确。

首先，BIM 技术应用到安全组织管理之中，其管理的幅度将会有明显增加。从本质上来讲，精细化管理会涉及更广和更深的工程管理，因此，在很多的决策及行为实行的过程中，其需要的安全管理人数会增加，而这些管理人员的管理权限以及相关能力会成为该安全组织管理水平的主要体现。利用 BIM 技术在实现深层次、大范围的安全管理的同时，对于安全组织管理的效率来说也会有明显的提升。同时，因为应用 BIM 技术能够缩短管理过程的指挥路径、提升沟通效率以及便捷协同作业，因此 BIM 技术能够从根源上提升建筑工程项目安全组织管理的管理效率和相应水平。

其次，BIM 技术在安全组织管理中应用的另一个重点在于工程项目信息的共享。由于在建筑工程项目中所涉及的专业千差万别，不同专业的管理人员按照传统的安全管理模式进行管理时，信息的不流通、信息交换不及时等问题会导致各种问题的出现，同时也无法更好地对未来的施工安全进行预判。而通过利用 BIM 技术就能够将建筑工程项目施工过程的进度信息以及安全信息进行及时有效的共享，并且还能够针对安全管理的偏差找到责任，制定出必要的偏差纠正方案，最终促进安全的动态化管理。

三、现场施工冲突的 BIM 技术应用

BIM 技术在建筑工程项目的安全管理除了能够促进和优化安全组织管理以外，还能够对安全日常进行管理，如碰撞冲突管理、危险源辨别管理等，这也是 BIM 技术在建筑工程项目安全管理过程中的重要内容。

（一）机械冲突中的 BIM 技术应用

对于现代施工企业来说，建筑工程项目的施工正在向复杂化、多元化的方向发展，几乎所有的施工项目都需要使用一定的机械设备，而这些机械设备，尤其是一些大型的机械设备和现场的施工人员、劳务人员混杂在一起，极易引起安全事故的发生，当前，因为机械设备管理不规范而引起的安全问题已经成为建筑工程项目中安全管理的主要问题来源。当前，我国建筑工程项目中现场机械设备的安装、使用过程都不是特别规范，其中存在着很多的不合理问题，再加上施工现场环境复杂、多种施工作业交叉以及人员流动性高等问题，就导致了较大的安全隐患存在。因此，应用 BIM 技术管理好现场的机械冲突是非常有必要的。

从实际情况来看，建筑工程项目现场施工过程有着极强的动态性，其中各种机械设备、管理人员、施工人员、建筑材料资源等信息都在不断发生着改变，BIM 技术作为一种信息集成平台，在施工的过程中能够始终保持很高的动态性，能够实现对 BIM 模型的周期性更新，从而帮助相关的现场安全管理人员快速、及时地辨别施工现场中存在的危险源，并做出相应的整改指令。在通常情况下，安全管

理人员能够利用 BIM 技术对现场的机械分布、人员分布、建筑材料分布等信息进行收集和整理,并配合定位技术实现持续跟踪检查。如果在现场发现施工人员过于集中、空间距离和危险区域较为接近时,就要借助一定的方式对施工人员发出警告,让其远离危险区域,保障人身安全。

另外,BIM 技术还能够对建筑工程项目施工的安全管理进行相关的碰撞检测,通过实验和模拟,对建筑工程项目的图纸进行优化,从而让施工资源得到合理利用,减少由于施工碰撞而引发的安全隐患。如在施工过程中,当机械和施工人员进场时,通过 BIM 技术对其进行碰撞模拟,发现其中存在的不合理点并进行纠正,降低机械在施工现场的不合理布置,降低因为机械带来的安全隐患。

(二) 材料装卸冲突中的 BIM 技术应用

在建筑工程项目施工过程中,材料的安全管理同样也是非常重要的内容,一是由于材料本身性能因素存在的安全问题;二是由于材料运输、装卸存在的安全问题。当前,在建筑工程项目中都会在施工现场存放一些具有危险性的材料,这样就使这些材料在装卸和运输的过程中存在安全隐患,危险性较大,再加上一些材料在施工现场的不合理布置和不正确装卸等,都会让施工现场的安全隐患增大。

借助 BIM 技术中的可视化技术,能够让施工的场地和材料信息变得可视,从而帮助施工管理人员对整个现场的内部材料堆放情况和装卸情况有一个直接的了解,尤其是通过 BIM 数据模型的构件,能够让安全管理人员对施工现场进行安全交底,帮助现场的施工人员明确现场建筑材料的使用规范,避免安全事故的发生。另外,在 BIM 技术的数据模型中还包含大量的现场部署信息,现场的施工人员能够十分便捷地看到这些信息,避免因为安全信息掌握不充分而引发安全问题。

四、安全风险因素的 BIM 技术应用

（一）安全风险因素辨别的 BIM 技术流程

在绝大多数建筑工程项目的施工过程中，对安全风险因素的辨别是十分重要的，其中主要包括施工过程中的一些危险源和其他的一些不确定因素，怎样辨别安全风险因素通常是安全管理过程中的重要步骤。在传统的安全管理过程中，对于安全风险因素的辨别主要使用的方法为通过经验进行分析的方法，具体为安全管理人员根据自身大量的工程管理经验，借鉴这些经验，对相似的工程项目中的风险因素进行判断，以此为基础来确定工程施工中的安全风险因素。这种安全风险辨别的方法使用起来较为简单，但是这种方法存在缺陷，即仅仅凭借经验来对安全风险因素进行辨别，容易产生辨别的漏洞。

借助 BIM 技术能够对建筑工程项目建立模型，并将其作为安全风险因素辨别的补充。尤其是 BIM 技术能够实现对于安全风险因素的具体分类，并且通过 BIM 模型还能够实现对于信息的随时提取和模拟，这样能够有效地辨别出建筑工程项目安全风险因素。另外，以 BIM 技术为基础创建的可视化模型，能够十分清楚地明确建筑工程项目中工程构建的结构关系以及相关的组成方式，从而实现对建筑工程项目中很多细节的展现，此外 BIM 模型还能够对建筑工程项目的施工阶段以及场地规划进行虚拟演示，这样就能够让安全管理人员预先辨别出场地的安全隐患。除此之外，利用 BIM 技术模型的信息标注，可以对虚拟演示中得到的安全风险因素进行标注，这样能够为安全方案的提出奠定基础，并且对于安全风险因素还能够实现可视化预警，达到更好的安全管理效果。图 4 - 5 显示的是 BIM 技术在安全风险辨别中的基本流程。

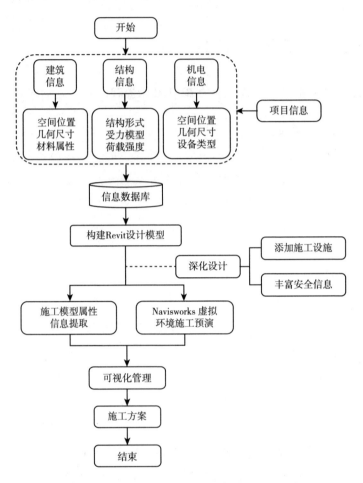

图 4 - 5　BIM 技术的安全风险因素辨别流程示意图

(二) 安全风险因素 BIM 技术辨别

应用 BIM 技术能够为建筑工程项目的施工进行施工模拟, 使安全管理人员事先了解建筑工程项目中可能存在的安全隐患。另外, 通过应用 BIM 技术, 在其建模软件虚拟环境中对施工要素、机械设备等的部署进行查看, 将安全风险因素辨别出来, 提前做好应对的措施, 尽可能地避免出现遗漏。下面来具体分析 BIM 技术对安全风险因素的辨别。

　　首先，通过 BIM 技术建立模型，并在模型中输入所有关于现场施工的安全信息。在模型之中，安全信息和模型中的构件相对应，在通常情况下，一个模型构件会对应多个安全信息。然后进一步将这些安全信息的属性和安全标准进行对比，突出显示出相应的安全风险因素。

　　其次，根据 BIM 技术建立的模型，将其和建筑工程项目中的安全计划、进度计划、资源计划以及质量计划进行对照比较，并对每一道工序以及关键环节进行综合模拟，预先发现施工过程中存在的一些安全隐患，从而达到持续优化施工安全计划的目标，避免安全事故的发生。与传统的安全风险因素辨别方式相比，BIM 技术有着十分明显的优势和巨大的差别。表 4-4 显示的是 BIM 技术辨别安全风险因素的方法。

表 4-4　　　　　　　BIM 技术辨别安全风险因素的方法

施工阶段	安全风险因素	BIM 技术安全风险因素辨别方法
启动阶段	风险标识牌未设立，安全标识未设立	立体动态视图漫游方法
	现场未设置危险区域围挡	查看模型的以及实例的属性
	未设立出入门，缺少门卫值班室	模型视图浏览
	施工现场材料区和办公区没有清楚的界限	立体动态漫游
基础阶段	基坑没有设置临时防护	施工模拟
	基坑放置材料的距离过近	查看模型以及实例的属性
	机械进出路线和计划方案不符	查看模型以及实例属性
	人员处于机械施工范围之内	查看模型以及实例属性
主体结构阶段	脚手架设置不标准	查看模型以及实例属性
	预留洞口、电梯口没有设置安全防护	动态漫游和施工模拟
	作业面未设置相关防护	查看模型以及实例属性

五、BIM 技术在建筑工程项目安全管理应用的保障策略

　　BIM 技术作为一种有着良好发展前景的技术，对于建筑工程项

目中的各个阶段都有着很大的促进和推动发展的作用，正因如此，BIM 技术应用到建筑工程项目中是十分重要的。尤其是在安全管理中，BIM 技术显得更加重要。从目前来看，在我国建筑工程项目的安全管理中，BIM 技术的应用还比较少见。为了能够实现 BIM 技术在建筑工程项目安全管理中的应用，以下从技术、管理两个方面提出了相对应的保障 BIM 技术在建筑工程项目安全管理中应用的策略。

（一）管理方面的保障策略

对于任何建筑工程项目来说，管理都是实现工程项目稳定、高效前进的基础和前提。管理从根本上为工程项目的建设提供了一种路径或者方式，并且这种路径和方式具有可操作性和可执行性，总的来说，管理是建筑工程项目中各个专业之间实现交流沟通的基础保障。在应用 BIM 技术的过程之中，管理是保障 BIM 技术深入应用到建筑工程项目中的首要基础，一般来说，管理主要从以下两个方面为 BIM 技术应用提供保障。

1. 强化建筑工程项目施工企业对于 BIM 技术的认识

施工企业在任何建筑工程项目中都是其中的核心主体。当前，虽然 BIM 技术的应用能够让整个建筑工程项目得到很好的收益，但我们知道 BIM 技术的基本理念就是通过计算技术和信息技术来提升建筑工程项目的管理能力，它不仅包含企业层面的内容，还涵盖了社会、教育、经济等多个层面的内容。基于此，BIM 技术在施工企业中的应用就从最初单纯的施工方面的问题转化为极为复杂的管理问题。所以建筑工程项目施工企业必须从根本上来强化自身对于 BIM 技术的认识。

首先，建筑工程项目的施工企业必须充分认识到 BIM 技术在建筑工程项目整个过程中的重要作用，而不是仅仅局限在本阶段，要有效地放大 BIM 技术应用于建筑工程项目中的成本效应、质量效应、沟通效应以及安全效应。基于此，施工企业要推动 BIM 技术在各个项目中的应用，支持和激励在应用 BIM 技术的过程中不断尝试和创新，最终将 BIM 技术纳入建筑工程项目常态化工作体系中去，避免施工企业处于被动局面并突破外部条件的束缚，逐渐在施工企业的内部产生良好的应用 BIM 技术的条件。

其次，建筑工程项目中的施工企业应该加强自身对于 BIM 技术在不同环节中应用的认知。我们知道，BIM 技术是一种复杂和综合性较强的新型技术，它不仅包含传统的二维和三维的设计思想以及理念，同时还包含大量的创新设计的思想和理念，这就使得 BIM 技术当前的软件类型众多、五花八门。近些年来，随着 BIM 技术所表现出来的协同性和高效性，越来越多的相关软件向着 BIM 技术发展的方向进行更新和发展。这样的发展形势就对建筑工程项目施工企业提出了新的要求，要求施工企业对 BIM 技术以及相关的应用软件有一个更加深层次的认识和理解，要在建筑工程项目施工阶段的各个方面都能更好地应用 BIM 技术，应选择合适的 BIM 技术相关软件，最终达到提升施工管理效率和质量的目标。

2. 加大建设单位对于 BIM 技术的参与力度

长期以来，BIM 技术在我国的发展并没有像一些机构预测的那样快速发展起来，而是处于一种缓慢发展的状态。从根本上来看，造成这样的情况的根本原因是因为 BIM 技术在我国应用的主动性较差，在建筑工程项目中的各参与方不愿意耗费大量时间和精力去创新和突破，还依然固守着传统的建筑工程项目管理模式，没有积极地去尝试应用 BIM 技术。事实上，虽然我国已经引入 BIM 技术很多年，但是相较于国外发达国家来说，我国的 BIM 技术应用还处于发展的起步阶段，很多的新思想、新技术、新理念需要建筑工程项目中各参与主体积极进行参与才有可能被应用到建筑工程项目管理中。换个角度来说，我国的国情在一定程度上影响了 BIM 技术的应用以及推广。因此，从管理方面来看，建设单位作为整个建筑工程项目中的重要的主体之一，有更多的责任去推动 BIM 技术的应用和发展。

首先，建筑工程项目的建设单位要积极地参与到 BIM 技术的应用中去。BIM 技术作为一种较为先进的技术，对于建筑工程项目中各个阶段来说都有着革新的机会，但是目前受到我国技术的影响，国内 BIM 技术以及相关的 BIM 软件大多数都是从国外引进的，但是由于没有针对这些技术和软件进行创新和改善，使得其不符合国情，更不符合我国建筑行业的实际情况。因此，对建设单位来说，其应该积极参与到 BIM 技术各个阶段的应用中去，从自身的实际情况出发，创新 BIM 技术应用的路径以及策略，而不能仅仅按照国外 BIM 应用路径来实现一些 BIM 技术的基础应用。同时，建设单位还可以和一些 BIM 软件开发公司进行合作，针对我国 BIM 技术发展情况进行软件开发和技术创新，促进我国 BIM 技术的发展，从而获得更大的经济效益。

其次，建设单位从 BIM 技术的通用性出发，促进其他参与主体在建筑工程项目中发挥自身的作用。目前，通过 BIM 技术所构建的数据信息模型并不能够完全满足国内所有的建筑工程项目的需求，其本身也存在着一定的局限，还有极大的发展空间，因此，从通用性的角度出发，建筑工程项目中的各个主体在通用性模型方面做出合作，尤其是对于设计单位来说，更需要以 BIM 技术建立通用性模型以促进施工企业的节能增效。这样不仅可以降低 BIM 技术应用过程中的沟通复杂程度，还能够有效地省去其中的一些无用的中间环节，提升工程管理的效率。

（二）技术方面的保障策略

归根结底，BIM 技术就是一种十分典型的应用技术，虽然 BIM 技术在应用方式、设计理念等方面相较于传统技术有着巨大的优势，但是作为技术的一种，在其应用的过程中进行一定的技术保障是十分必要的。通过技术保障，可以有效地改变 BIM 技术在我国建筑工程项目的应用现状，使 BIM 技术的应用取得更好的效果。

目前，我国并没有针对 BIM 技术建立统一的标准以及相关规范，只是在其中一些企业以及工程行业等小范围内有着自己的标准和规范，并且这些企业以及工程行业还采取了不断更新的方式来维持这一现状，使一些建筑企业为了应用 BIM 技术在其内部构建了一定的工作流程。事实上，在一个建筑工程项目中，各参与主体需要在一个框架内展开工作并进行协作，因此，从技术的角度来看，为该框架中的参与主体构建出一个标准的建模平台就显得十分重要。

首先，以 BIM 技术为中心，围绕 BIM 技术，针对相同建筑工程项目的参与主体建立起一个统一的 BIM 技术平台，并且该技术平台和建筑工程项目紧密相连，能够实现工程项目的信息共享、数据共享以及资源共享。但要注意该共享应按照一定的权限划分。对于权限来说，按照施工、运营以及设计等不同阶段来进行权限的配置，从而使设计单位在完成设计方案之后，还能够接受后面阶段所提交的一些数据信息来完善信息模型，进一步完善建筑工程项目信息模型，最终达到提升设计质量的目标。

其次，建筑工程项目的各参与方还可以按照自身的实际需求并结合相关专业的实际情况，从 BIM 标准化建模平台中获得更加专业的数据、信息以及资料。因为这些数据是由统一、标准化的建模平台提供的，这就使得各参与方之间的信息数据保持了一致和连贯，实现了数据信息之间的共享和互联互通，最终实现基于 BIM 技术的统一化、标准化、共享化、可视化以及动态化的建筑工程项目信息管理。

六、BIM 技术在建筑工程项目安全管理中应用的案例分析

BIM 技术作为一种新型的应用技术，对于建筑工程项目管理中存

在的很多问题都能够有效解决。所以将 BIM 技术应用到建筑工程项目安全管理中同样能够提升安全管理效率，从而保障安全管理的质量。下面将对 BIM 技术在具体案例中的应用进行分析。

（一）案例的概况

该项目是一个房地产工程项目，其主要的目标客户群为周边的追求生活品质、文化修养高以及高收入的客户群，并以设施配套齐全、交通便利以及产品品质为主要吸引客户的因素，并以一个小时车程为核心辐射圈。

该项目的总用地面积为 101691 平方米，总建筑面积为 114045 平方米，其中主体的住宅面积为 90786 平方米，停车建筑面积为 23259平方米。另外，该项目中主体建筑的层高设计为 3 米。停车建筑的层高为 3.5 米。根据国家的相关规定，计算出当前该用地容积面积为151381 平方米，容积率为 1.5，符合国家标准。

该建筑工程项目具有以下的特点：

第一，该建筑工程项目建设过程中会涉及多个不同的专业，并且对这些专业的安全管理要求较高；第二，该建筑工程项目整个建设过程需要投入大量的物料、人力资源以及机械资源，并且很多工序之间存在大量的交叉，存在的安全隐患较多；第三，工程施工场地的实际施工现场面积不够充足，存在着较多的安全隐患。

（二）案例工程 BIM 技术的安全管理基本模型

为实现应用 BIM 技术，对该建筑工程项目的安全管理进行优化，为该建筑工程项目提供足够的安全管理保障，本章针对案例工程的安全管理原则以及风险管理原则，借助 BIM 技术的建模软件 Revit 以及Navisworks，建立了基于 BIM 技术的该建筑工程项目现场安全管理基本模型，如图 4 - 6 所示。

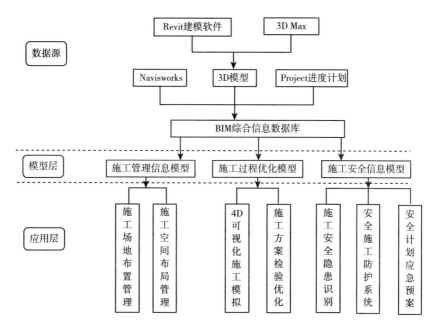

图 4-6　基于 BIM 技术的案例工程项目现场安全管理基本模型

在图 4-6 的基本模型中，基于 BIM 技术的安全管理分为三个层次，即数据源、模型层和应用层。其中，数据源以数据的获取、建立为基础，通过其中的 Revit 以及 Navisworks 建模软件实现了对立体模型的构建，同时利用监督管理软件完成了和监督相关的安全信息点的构建。模型层的建立则是在数据源已经建立完成的基础上，进一步对信息进行处理，这是结合工程具体的施工情况而建立的信息模型层，在该建筑工程项目中，涉的信息模型主要包括施工现场规划信息模型、安全风险信息模型、施工过程优化模型以及施工管理信息模型等，该层能够为最后的应用层提供必要的信息模型支撑。应用层指的是利用 BIM 技术实行安全管理的过程，能够通过 BIM 技术中的各种功能实现施工现场的安全管理，使施工过程安全管理能够有效地避免传统安全管理中的效率低、死角多以及遗漏多等问题，尤其是在可视化的环境之中，该建筑工程项目能够十分清晰地呈现在安全管理的人员的眼中，使安全管理人员能够及时和容易辨别在施工现场存在的各种风险因素，并能够及时地针对这些风险因素来优化安全管理方案，及启动方案来应对这些安全隐患。

（三）BIM 技术安全管理的主要应用过程

对该建筑工程项目实施 BIM 技术的安全管理，在对该建筑工程项目进行建模的基础之上，采用动态化、可视化等手段对施工过程进行安全管理。其中安全管理的内容是多个方面的，如场地的部署和规划、安全风险因素的辨识、机械设备施工安全范围规范、机械设备进出现场安全管理、危险区域标识以及临边防护管理等内容。

1. 立体建模

该建筑工程项目基于 BIM 技术的三维立体模型建立的结果如图 4 - 7 所示。

图 4 - 7　案例建筑工程项目的 BIM 技术立体模型示意图

如图 4 - 7 所示，该案例建筑工程项目的 BIM 技术立体模型是利用 Revit 软件来实现的，图中的内容为该案例建筑工程项目主体建筑的综合视图，在该立体模型中包含整个案例建筑工程项目的很多信息，具体内容如下：

首先是该案例建筑工程项目的主体建筑信息。在此次 BIM 技术建模中除了该案例建筑工程项目主体建筑的楼层、墙体、标高、门窗以及顶面等构建外，还包括主体建筑的位置、环境、场地、占地面积、材料使用、围护结构等信息。

其次是该案例建筑工程项目的机械设备信息。在此 BIM 技术建模中，模型包含现场所需要的所有的机械设备信息，尤其是对于机械设备的类型、大小、外观等都能够进行直接展示，并且对这些信息和施工的进度信息进行结合，为该案例建筑工程项目提供必要的安全管理数据源。

在构建 BIM 技术立体模型的基础上，通过对施工过程中不同方面以及工序信息的集成和共享，使该案例建筑工程项目的所有参与主体，包括设计单位、施工单位、材料供应单位以及业主方等都能够从该信息模型中获得自身需要的信心，从而保证这些参与主体在建设过程中能够保持协作，进而保证安全信息的传递、共享以及共同管理。

2. 施工场地规划

在该案例建筑工程项目完成基础建模之后，可以以该信息模型为基础，对施工场地中的绝大多数活动进行有效的管理，这是应用 BIM 技术进行安全管理的重要过程之一。在该案例建筑工程项目施工过程之中，不但会涉及较为复杂的施工工艺，并且在很多的施工作业过程中存在着一定的作业交叉现象，但是整个施工场地有限，这就需要在施工管理的过程中进行施工现场规划来确保施工过程的安全和效率。

在应用 BIM 技术对施工现场场地规划模拟的过程中，其中的重点是要针对施工现场的场地交通、机械停靠、材料储存、工程位置以及进出场地路径等进行设置和规划。在这个过程之中，需要充分地考虑该案例建筑工程项目的施工方案和施工要求，合理地规划出各类区域，保障现场施工人员和机械设备之间的相互独立和安全。如果在此过程中没有对施工现场进行有效规划，那就极易发生一系列的安全事故。例如，在施工现场中，如果施工场地面积有限，那么其中的一些机械设备、建筑材料等就必须进行有效规划，合理地安排位置，这样既能够满足施工的需求，还能够保障施工现场的安全以及稳定。图 4-8 所示的为该案例建筑工程项目基本的施工现场安全 BIM 技术模型图。

图 4-8　案例建筑工程项目施工场地 BIM 技术模型图

　　从该案例建筑工程项目模型图中能够看出，案例工程项目的基本环境十分清晰，能够让安全管理人员做到心中有数，对施工场地有全面的了解，从而可以帮助安全管理人员合理地规划施工场地，避免由于施工场地面积不足造成人员之间冲突、机械之间的冲突、人员和机械之间的冲突以及材料运输冲突等。同时，立体化的模型还能够帮助安全管理人员对现场建筑材料、机械设备等位置了如指掌，并且能够随时对这些信息进行动态管理和规划，包括施工现场作业人员的施工区域、机械设备施工区域等。总之，该模型在很大程度上减少了该案例建筑工程项目施工过程中的许多安全隐患。

　　3. 安全风险因素管理

　　该案例建筑工程项目由于现场施工场地面积较为有限，导致了施工空间的局限性比较大，这样就使立体交叉作业不可避免。在这样的情况下，应用 BIM 技术对现场施工进行模拟，对于掌握施工现场的一些安全风险因素来说有着巨大的作用，能使安全管理人员有效地检验出施工方案中存在的绝大部分安全风险因素和安全隐患。在本案例建筑工程项目中，主要借助 Revit 软件构建了施工的立体模型，并将

其导出为 . rvt 格式文件，然后再通过转化为 Navisworks 软件适合的文件，导入该软件中，与施工进度结合进行整体施工模拟，在模拟的过程中就能够检查机械作业、人工作业以及施工结构等方面存在的冲突以及安全风险因素。图 4 - 9 展示的是该案例建筑工程项目安全风险模拟过程。

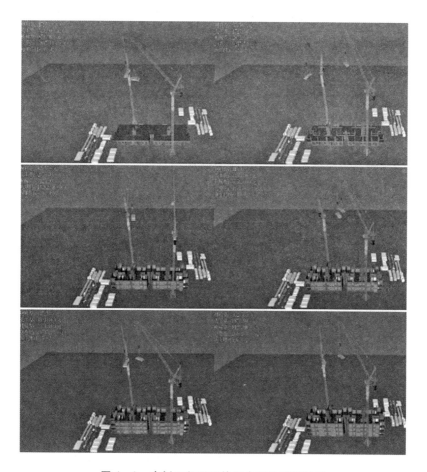

图 4 - 9　案例工程项目的安全风险模拟过程

根据前面模拟图能够看出，基于 BIM 技术的立体模型能够清晰地看出施工过程中机械设备的运行轨迹，并且还能够清晰地看到各个机械设备之间的距离以及施工人员和机械之间存在的冲突等，因此，安全管理人员就可以以这种施工模拟为基础，对存在于现场中的安全风险进行控制，并且多次这种模拟过程能够将施工方案优化到最好，最大限度地降低施工过程中的安全风险。

事实上，基于 BIM 技术的施工过程模拟能够为安全管理人员提供动态性、可视化的现场模拟效果，能够让给安全管理人员远程掌握施工过程的绝大多数安全信息，有利于安全管理人员预先发现存在的安全隐患，并及时地与其他参与主体交流，实现防患于未然。

在该案例建筑工程项目中，设计的主体和施工的主体是完全分离的，设计单位通过交付设计成果给施工单位，施工单位根据设计成果进行施工，此时，设计单位的设计成果如果存在这几个方面的问题就又会导致施工单位在施工过程之中出现各种错误或者误差，甚至会出现较大的安全事故，例如，碰撞问题就是其中最为突出的问题之一。而在 BIM 技术中，其主张的是将不同的专业置于相同的信息模型之中进行整合，这样就能够及时产生碰撞价报告，减少设计错误，保障施工安全。

4. 临边防护安全管理

该案例建筑工程项目作为高层建筑，施工的高度达到了数十米，这就使得现场施工过程必然会面对高空作业，而在高空作业中存在的安全隐患最多，如高空坠落危险、高空坠物危险等，因此，对于该建筑工程项目来说，做好高空临边防护是非常关键的安全管理内容之一。

通过对该案例建筑工程项目进行分析可以知道，在施工过程中针对坠落的防护主要包括临边位置和洞口位置，如果这些临边以及洞口缺少必要的防护措施，那么就容易发生安全事故。从这也能够看出，防护栏在临边和洞口的部署是十分必要的。但是，在该案例建筑工程项目中，由于工程的施工点较多，其中的很多洞口以及临边防护点的部署都是不容易被发现的。如果按照传统的图纸进行检查并进行设置的话，不但工作量较大，而且难以发现全部需要进行防护的洞口和临边。而通过 BIM 技术构建的立体模型，能够为安全管理人员提供可视化、动态化模型，帮助安全管理人员针对施工的不同部分以及阶段找到相应的洞口、临边防护风险点，然后再通过建立防护模型，并且与建立的结构模型进行对比，保障找到的风险点是全面的、无遗漏的。图 4 - 10 显示的是该案例建筑工程项目存在的洞口以及临边需要防护的风险点。

图 4 - 10　该案例建筑工程项目洞口、临边防护风险点寻找示意图

从图 4 - 10 能够看出，根据建立的立体模型，能很容易地找到该案例建筑工程项目中的安全防护风险点，该模型为安全管理人员实现可视化管理提供了重要的支撑。此外，由于整个工程项目是一个动态的过程，因此，相应的防护设施也是动态化的，其必然会随着工程项目的进度变化而进行拆除或者重新安装，基于此，利用 BIM 技术中的 4D 模拟功能，找到其中在不同阶段风险点防护栏需要重新进行设置和拆除的时间和相关位置，最终达到安全管理资源最大化利用。

第五章 案例分析——BIM技术在装配式建筑工程管理中的应用

第一节 案例项目的简介和装配式建筑的相关概述

一、案例项目的简介

本书所采用的具体研究项目位于北京市的百子湾装配式建筑项目，该项目中承建的是公租房，其建筑面积达到了 22.28 万平方米。该项目中在楼层的设计上最高达到了 27 层，每层层高为标准的 2.8 米，并且地下结构为劲性钢结构，该建筑地下车库的建筑面积达到了 8.81 万平方米；地面走廊设施、各装配建筑与地下的劲性钢结构紧密连接，且住宅建筑面积达到了 13.47 万平方米。这一建筑项目的服务年限规划为 50 年，主要得益于其强大的抗震功能，可以抵抗八级以下地震，而且在抗风压、抗雪压方面具有很大的优势。该建筑项目中在四层以上开始使用装配式建筑模式，具体的预制构件包括预制内墙、预制外墙、预制楼板、预制阳台等。其效果图如图 5-1 所示。

图 5-1 建筑效果图

从效果图中可以看到，此建筑项目的外形构造为多个 Y 形结构组成，这种结构与常见的矩形结构相比在施工上更加具有难度。从建筑结构上分析，该项建筑为典型的预制装配式，这种建筑模式的优点为建造速度快、材料节约以及建造过程中噪音较低等，并且在对室内进行装修中使用土建装修一体化与装配式装修方式相结合的模式。通过这种模式进行的装修可以使建筑项目在功能上与建筑本来的建造特点相匹配，进而使一些装修中常出现的问题得到解决，如在装修中渗水是常见的问题类型，造成这个问题的主要原因是后续装修的管道、防水设施等与建筑原装之间存在难以完全匹配的现象。这种装修模式可以在很大程度上提升装修质量，进而提高建筑住宅的居住品质。

百子湾公租房项目为北京市试点保障性住房项目，目的是满足不断增加的居住要求。该公租房属于新型的安置房项目，工期较为紧张，虽然在项目建造中使用了预制装配模式，但是仍然需要对工程质量进行严格把关，尤其是在施工过程中对建筑材料、施工环节进行严格要求。需要注意的是，虽然预制装配模式具备短时间内完成工程建造的优势，但是其速度也不会受到建筑市场的影响，需要施工方及时与市场建立联系。这一施工项目的注意事项主要为以下三点：第一，在建筑图纸的设计方面应该更加详细，如在对预制构件的规划中应该精确到钢筋级别，达到这一级别的图纸设计可以在以后的精度检查中达到较好的效果；第二，该工程建造项目使用预制装配模式，但是工厂在制造这些所需构件时需要对设计图纸进行全方位的了解，这样才能按照施工要求生产出合格的产品，因此需要图纸设计方在进行图纸设计时对每一构件的具体数值进行明确标注，尤其是对各种构件之间的空隙以及在施工标准下造成的数值差异；第三，在正式的施工阶段所使用的安装技术也需要根据最新技术的发展而进行及时的更新，但是技术在更新后还需要有专业人士进行操作。这对招标方来说需要在选择承建方时对其建筑能力以及最新技术的使用水准进行考量。

二、装配式建筑的综合概述

装配式建筑是指通过对预制构件按照一定结构进行装配后形成的建筑类型，这种类型又称为 PC 建筑。这种建筑的特点是：使用工业化的生产方式将建筑构件的局部或者全部生产出来，然后再转运到施工场所进行装配。装配方式也随着装配式建筑的发展而进行更新，目的是使各种构件可以通过可靠的连接方式进行拼装，进而完成整个建筑的过程。从装配式建筑生成的整个过程中进行分析，其与传统的现浇式建筑有很大的不同，首先，从生产过程来分析，装配式建筑所需要构件都是在工厂按照设计图纸进行生产后再到现场进行安装，而现浇式建筑是在施工现场按照设计图纸进行浇筑，然后再进行具体的建筑过程；其次，从技术方面进行对比，装配式建筑对技术水平的要求更高，无论从工厂生产还是装配过程都需要进行缜密的思考，如在图纸设计中，装配式建筑预制构件的生产与装配都应该通过图纸展示出来，进而使构件的生产规格与装配过程达到高度匹配的标准，而在现浇式建筑中，施工人员主要通过现场构件的浇筑的实际情况来进行浇筑或者安装，设计图纸的作用主要是从主体结构上达到建筑标准；最后，从未来发展趋势来看，装配式建筑会成为建筑领域的主流方式，因为它的整个建筑流程具备完整性和相互制约性，不仅可以使施工过程更加快速高效，而且还能节省材料以及降低噪音。装配式建筑的施工流程如下：首先，根据建筑预设标准进行图纸设计，在设计中不仅要将预制构件的结构类型以及相关数值进行明确标注，而且还必须将后续装配过程中预制构件之间的连接情况表现出来；其次，在预制构件的生产过程结束后，再通过运输手段将预制构件运至施工现场。施工方根据安装图纸将预制构件进行组装，每种预制构件之间的连接方式以及具体的几何定位都必须达到一定的精度标准。

装配式建筑在 2015 年得到了国家的大力关注，并据此进行了详细的规划，住建部在 2015 年发布了多项相关文件来对装配式建筑进行具体规定，例如，在《工业化建筑评价标准》中就对装配式建筑的各种相关标准进行了明示，并在《建筑产业现代化发展纲要》中对未来的装配式建筑的发展规模和所占比例进行了预测，预计在 2020 年装配式建筑可以在新建建筑中占到 20% 的比例，而到了 2025 年这一比例将达到 50% 以上，这充分说明了装配式建筑的优势已经十分凸显，可以在未来的建筑市场中占据主导地位。国务院根据我国建筑市场的具体情况，在 2016 年发布指导文件要求各地根据具体情况来发展装配式建筑，其涉及范围包括传统的混凝土结构、钢结构以及现代木结构等建筑结构类型，并且做出了十年的发展规划，即希望在十年之内使装配式建筑达到 30%，这与 2015 年住建部的发展规划有所不同，但是整体趋势是显而易见的。在这样的背景下，装配式建筑的发展呈现出高速发展的状态，其建筑理念得到了进一步更新，目的是符合当前的发展形势，随着人们对环保重视力度的加强，装配式建筑中除了可以在材料方面达到节约的目的外，还必须在建筑材料的材质上追求环保。装配式建筑的预制构件的装配方式也需要得到不断的提高，目前的装配方式有以下几种，分别为砌块建筑、板材建筑、盒式建筑、骨架板材建筑、升板升层建筑，以下进行具体介绍。

砌块建筑方式中的预制构件是块状材料，从具体建筑过程可以分为小型、中型以及大型三种类型。这一种施工方法主要用于低层建筑中，一般为 3~5 层的范围之内，在实际施工过程中会通过加强砌块强度或配置钢筋等方式来增加建筑强度，并且可以在建造层数上进行增加。砌块建筑方式对地理环境、交通环境、施工人员素质等方面的要求较低，这与其生产工艺简单、易于施工等特点有很大关联，不仅如此，该种施工方式在材料的选择上没有严格要求，可以将一些地方材料或者工业废料进行利用，这样就进一步节约了建筑成本使施工建筑的经济性更加凸显。在施工过程中，小型预制构件可以通过人工搬运的方式来进行，而中性与大型构件可以通过小型的机械装备来转运，并且大型构件可以使用大型板材来代替进而降低施工强度。在砌块的类型上，可以分为实心与空心两类，实心类型所使用的材料也以轻质材料为主。这种施工方式在机械化程度上较低，在使用中常与其他施工方式进行结合来达到建筑目的。

板材建筑方式中所使用的预制构件主要为建筑的内外墙板、楼板等面积较大且较为平整的部分，在预制构件的材料方面，内墙板与外墙板一般采用钢筋混凝土材料，内墙板可以根据建筑要求来选择实心或者空心类型，而外墙板会将隔热属性、外观属性等考虑在内，通常会选择易于处理的材料来进行生产。板材建筑中的预制构件在进行连接时主要方式有焊接法、螺栓连接法以及为了达到更高装修要求而采用的后浇混凝土方式。这种施工方式的优点是施工速度快，并且由于预制构件的整体性较强而提升建筑的抗震、抗压等能力，但是其缺点也与预制构件的面积较大有关系，因为面积较大而影响建筑的具体布局，并且必须对预制构件之间的连接处进行大力关注，以防产生渗水的问题。

盒式建筑方式与板材建筑方式有着紧密的联系，因为人们从板材建筑中发现这种方式难以实现建筑的整体性，进而产生一些实际问题，而盒式建筑方式的出现正是基于解决这些问题而发展起来的建筑方式。在盒式建筑方式中，想要达到高度的整体性必须依靠更加先进的建筑技术与预制构件生产技术，其预制构件不再只是以整块形状出现，而是会与具体建筑要求相符合。通过盒式建筑方式完成的建筑施工，其内部构造在整体性上十分突出，不仅表现在外部墙体以及顶底层的连接上，而且各种家用设备都与基建结构高度融合。这样就解决了家居装修中通常出现的渗水、不隔热、不隔音等问题。盒式建筑也可以分为多种类型，包括全盒式、板材盒式、核心体盒式以及骨架盒式等类型，其中，全盒式是完全以盒式建筑方式完成的建筑，而其他类型则是根据具体需求与其他建筑方式结合后形成的，如板材盒式则是在墙板、楼板等完成后再对其中的厨房、卫生间等通过盒式建筑方式来完成施工。

　　骨架板材建筑方式也是在板材建筑方式上发展起来的一种建筑方式，这种建筑方式适用于对承重要求较高的建筑类型中，其预制构件除了板材外还会将骨架包含其中。这种建筑方式在承重结构上主要使用两种类型：一种是由柱子和横梁来构成承重框架，然后再将板材构件通过某种方式与承重框架进行结合；另一种是在构建承重结构时由柱子和楼板来组成，然后再将内外墙板与其进行连接。在对骨架预制构件进行生产中，材料一般选择重型的钢筋混凝土，而在一些轻型装配式建筑中也会选择钢材或者木料作为承重材料。骨架板材建筑方式在进行应用时首先需要设计出合理的建筑结构，并且在设计时可以根据具体需求来变换空间设置，这样的特点使这种建筑方式更加适用于高层建筑。

　　升板升层建筑方式属于板柱结构中的一种，只是在施工方式上与一般方式有所不同，一般方式为在承重结构的形成中使用方形的预制楼板与柱子进行组合，而这种方式则是以底层混凝土为基础向上进行浇筑，进而形成起到支撑作用的柱子，这种柱子并不是预制构件而是传统浇筑方式制成，然后随着柱子达到一定高度再利用千斤顶将楼板等预制构件上升到设计高度。这种建筑方式适用于施工场地有较大限制的场所，由于柱子的浇筑是缓慢进行的，因此可以节省一般施工种所使用的脚手架等工具费用。

第二节　BIM 技术在装配式住宅全生命周期的工程价值分析

一、BIM 技术在规划设计阶段的工程价值分析

　　住宅的建造需要进行先期的设计与规划，这样才能为后续的建筑

过程提供指导，而在设计与规划的过程中通常会将 BIM 技术运用其中，进而使设计中各种信息得到高效的处理以达到最佳的设计效果。不仅如此，利用 BIM 技术还可以对设计方式进行优化，如在传统的设计方法中经常出现与现场条件不符的情况，这样就需要临时变更设计方案并且在变更时还需要考虑与后续工序的联接状况，这样就会导致整个施工流程充满各种变数，进而造成人力物力的浪费以及建筑完成后建筑效果不尽如人意，而使用 BIM 技术后则可以改变这种情况，使整个施工流程按照既定方案和标准进行，进而减少建筑过程中的浪费情况。不仅如此，这种技术还可以使设计方案更加合理，避免频繁的返工和重建，进而提升施工的工作效率。BIM 技术在规划设计阶段的工程价值主要体现在以下几个方面：第一，在住宅项目上马前需要进行选址工作，这关系到住宅项目未来的发展状况。而使用 BIM 技术可以在进行选址时通过先期建模来对某一地址的情况进行观察和对比，在建模过程中需要对所选地址的各种条件进行了解并且通过技术手段将其转化为 BIM 可以识别的内容。建模完成后则可以将所选地址中的场地条件、空间信息等进行综合展示，这不仅可以为住宅的规划设计提供参考，而且还能在设计中对存在的问题进行了解。传统的设计中通常存在信息处理速度慢以及不够科学的问题，并且常常会由于设计者主观方面的因素而使设计方案与现场条件以及客户需求出现不一致的情况。但是 BIM 技术的使用则可以有效解决这些问题，并且在运用中为了提升设计效果可以选取对应的定量进行分析，进而使设计效果更加具有说服力。第二，住宅项目在施工前需要设计出对应的图纸，并且图纸中要将施工过程中应该注意的问题进行明确标注，如在安装图纸中需要对预制构件之间的连接技术以及精度标准标注其中，这些烦琐的问题可以通过 BIM 技术来进行解决。在使用 BIM 技术建立模型后，可以将建筑过程中的重要数据尤其是预制构件的材质、尺寸等融入其中，这样能够使建成的模型更加完整。在传统设计中经常会出现数据改变的情况，而这种情况在 BIM 技术中可以得到很好的应对，当某一数据发生改变时，BIM 技术会对这种变化及时处理，并且将与之相关的数据进行变更，这个过程是比较迅速的，从而避免了在实际施工中因为图纸的改变而导致延误工期的现象出现。在建筑过程中可能会存在一些难点，并且这些难点可能会让施工过程出现一些突发状况，而 BIM 技术的使用能够通过提前模拟来让施工人员对可能出现的状况有所准备，进而制定具体的措施来处理这些突发状况。不仅如此，BIM 技术中还具有可视功能，这一功能能够使设计方案以更加直观的形式呈现出来，进而有利于设计人员可以从中找到存在的问题以及可以进一步优化的内容，使工作效率得到提升。第三，在设计完成后并不会马上投入使用，而是会进行一系列的检查，从而使设计方案更加合理可行。在对设计方案的检查中如果使用传统方式，不仅检查速度慢而且在检查效果方面也难以得到充分保障，主要原因是在进行检查时，设计师主要依靠自己的大脑以及过往经验来进行判断，这种判断方式会让设计方案中出现的问题难以被彻底查出，进而使设计方案与现场情况发生偏差。其中有的问题只有在正式施工中才能被发现，但是再进行更改时会对工程进度产生负面影响。而使用 BIM 技术则有利于检查过程的进行，可以让设计师发现设计过程中存在的冲突与误差。BIM 技术的建模功能可以根据设计方案将其中的每一部分通过直观的方式模拟其中，如果其中存在误差或者冲突的地方则可以在模型中以某种方式呈现出来。

二、BIM 技术在构件生产阶段的工程价值分析

在装配式建筑中，预制构件的生产是其中的重要环节，因为预制构件的质量会影响到施工过程以及最终建筑的质量，生产阶段可以分为工厂生产过程与运输过程。在传统的构件生产中，其生产过程和运输过程很难得到有效监控，而 BIM 技术的应用可以改善这样的情况，以下对 BIM 技术在构件生产阶段的工程价值进行具体分析。

（一）BIM技术在构件工厂生产过程的价值分析

预制构件的各项特征都会在设计中得到体现，在设计完成后会进入工厂生产过程。在进行正式生产之前，担负生产职责的工厂应首先对施工方的设计方案进行全面的了解，必要时需要直接与设计人员进行交流沟通，这样可以使生产人员在预制构件的生产中注重特有的细节。在传统的设计方案中，应用最多的是平面型的设计图纸，这种方式极易使生产人员在使用图纸时出现差错，并且由于平面图纸在呈现方式上的局限性而使设计者的设计意图很难被生产人员全部了解，这样就会导致预制构件在生产过程中出现偏差。通过调查发展，一般预制构件在进入生产过程后，可能施工方会根据实际生产需要而对预制构件进行某方面的更改与调整，但是这些变动后的信息不能及时被设计人员所掌握，从而使生产出的预制构件不符合实际要求，这样不仅会造成资源的浪费而且也变相延长了施工期限，进而使施工项目与装配式建筑方式不相符合。而使用BIM技术后，预制构件的生产流程会变得简捷明晰，如图5-2所示。

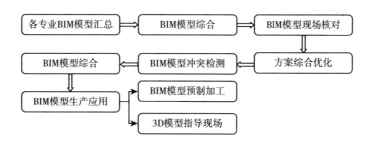

图5-2　预制构件的生产流程

从以上预制构件的生产流程中我们可以看到BIM技术贯穿其中每个环节，从最初的方案设计到方案检测，再到投入生产过程都可以使用BIM技术来达到应用目的。第一步中的各专业BIM模型汇总是指将预制构件设计中根据施工需要设计出的理论模型进行结合汇总，然后经过BIM模型综合过程的处理，接下来进行BIM模型现场核对，此时就可以得到初期的设计方案，而后再经过方案综合优化过程以及 BIM 冲突检测过程则可以得到最新的模型数据，此时再次通过 BIM 模型综合则可以得到最终的设计方案。在预制构件设计方案完成后，则可以进入生产过程，在生产前需要进行 BIM 模型预制加工以及 3D 模型指导现场两个环节，进而从这两个环节中分析出实际生产中可能出现的问题。在这样的预制构件生产流程中，施工方生产方可以双向使用 BIM 技术，进而完成 BIM 模型的实时对接，不仅在信息的准确性与即时性上具备优势，而且在经济效益与时间效益上可以实现最大化。在实际生产过程中，构件生产方通过 BIM 技术将设计人员的设计方案进行全方位、更直观的呈现，设计方案中的各种意图与思维完全被生产人员所了解和掌握，这有利于后续加工和生产的顺利进行。从技术层面分析，在 BIM 模型建构中会利用到 RFID 射频识别技术，这种技术具有识别并储存预制构件信息的功能，主要可以从 BIM 数据库中将预制构件的设计数据进行读取，然后在与原先内部信息进行结合处理后再次传回 BIM 数据库，这一相互过程可以实现预制构件信息的更加精确化。按照目前的技术标准，通过 RFID 技术可以在精度方面控制在毫米级以内，这一精度在建筑领域已经达到了新的高度。与传统建筑中的精度相比，这样的精度级别不仅促进了工业化生产由粗放型向精密型的转变，而且也能使预制构件的质量得到显著提高。以下以预制墙体构件为例来进行分析，生产人员在预制墙体构件的生产中，通过 BIM 技术来读取设计方案中的模型数据，如图 5-3 所示。

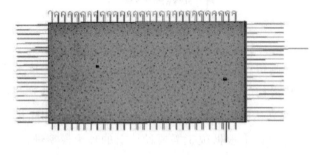

图 5-3 预制墙体

图5-3所示是预制墙体的模型，然后通过进一步操作获得预制墙体内部的钢筋、管线等布置情况，如图5-4所示。

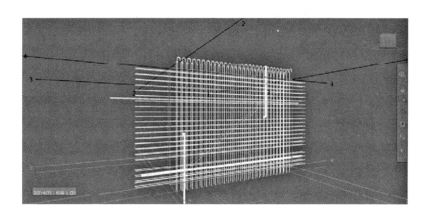

图5-4　预制墙体内部构造图

图5-4中只是对预制墙体内部的各种构造进行了呈现，除此之外还需要对内部钢筋、管线、墙体等材料的型号以及材质进一步了解，这时可以通过BIM技术来查看内部各种构件的详细信息，如图5-5所示。

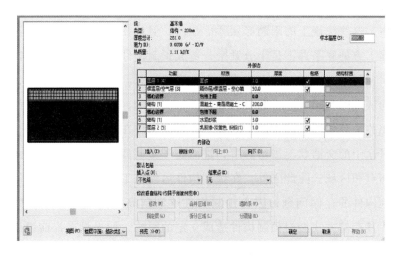

图5-5　预制墙体材质说明示意图

通过以上过程，生产人员可以对预制墙体构件的各种信息达到详细了解的目的，接下来就可以进入正式的生产环节。BIM 系统不仅能够使预制构件的详细信息呈现出来，而且该系统在预制构件的后续操作过程中也发挥着重要作用，如通过 BIM 系统可以确保预制构件在生产、存储、运输以及吊装过程中信息的准确性，并且这些信息会随时因为施工方施工进度的影响而发生改变，如在某些因素的影响下施工进度减缓，这一信息会通过 BIM 的生产管理系统传入生产方内部，以利于生产方根据信息来改变和调整预制构件的生产过程，如可以延期生产计划、改变储存方式、停止运输计划等。

（二）BIM 技术在构件运输过程中的价值分析

在构件生产完毕后，接下来进行的是运输阶段，目的是按照施工方要求准时保质地运送到施工现场。但是在运输中需要对以下几个方面内容进行充分考虑，首先，在装配式建筑施工过程中，主要进行的是预制构件的组装，但是有的预制构件在尺寸上较大，这给实际运输带来了很多困难，如运输目的地在法律法规上对大型物件的运输有一定限制或者施工地点相关安全措施不到位导致不符合接收预制构件的资格，这些法规上的限制必须考虑在内，但是在实际情况中，运输方与施工方的联系并不是十分紧密，造成预制构件进入当地后被扣押或者阻止其继续前进，进而造成施工进度的推迟。从安全角度来看，这样的法规限制是完全有必要且必须严格实施的，那么施工方就应该按照相关法规的规定进行改变。其次，预制构件在运往施工地点时，应该对途中的交通状况进行理解，进而避开交通拥堵以及车流量较大的时间点和区域。除此之外，在预制构件运到施工地点后，所面临的是预制构件的存储问题，因为预制构件逐渐向高精度、高质量方向发展，其存储方式会对预制构件造成一定的影响，如果没有提前设计好存储方式，那么就会变相地降低施工质量。最后，施工方在预制构件的装配中，会因为施工技术以及其他一些因素的影响而使施工进度达不到一定标准，这样就会造成预制构件的长期存放。可是在现实情况中，生产方会按照原先约定继续向施工方运输预制构件，这就会造成施工地点预制构件出现长期积压的问题，不仅会对施工方施工顺序造成影响，而且还可能使预制构件在长期积压中出现质量下降的情况。

以上所提的问题在实际情况中经常出现，而使用 BIM 技术后则可以对这些问题进行有效解决。因为 BIM 系统中除了可以在设计中通过建模来完善设计方案外，还可以参与到预制构件的整个流程中。施工方、生产方以及运输方都可以通过这一系统实现信息的及时共享，以便于三方及时采取措施来应变出现的不同情况，例如，在大型预制构件的运输中，施工方要及时了解当地在这一方面的法规限制，及时与相关部门进行沟通，进而制定出合理的运输措施，而在与相关部门的沟通中，施工方必须做好应对大型预制构件的安全措施，这一行为更加有利于后续的运输过程。并且施工方的安全措施可以通过 BIM 技术来进行模拟，对其中可能出现的意外情况采取专项措施进行应对，不仅如此，施工方也可以提前设计好运输方案，然后在进行验证检查后发给运输方，而后施工方可以依据此方案与当地相关部门进行协商；对于运输中交通状况的应对，也可以利用 BIM 技术进行模拟，尤其对于运输方来说，这样的模拟有利于运输方在遇到突发情况时可以及时采取措施进行处理。但是交通状况具有多变性，施工方可以通过向运输方提供本地区的交通信息来让运输方做出多套方案进行应对，尤其在运输数量较多的情况下更应该及时掌握交通情况的变化；对于预制构件的储存问题，这一问题也可以通过 BIM 技术来模拟仓库的存储条件，进而对存储中可能对预制构件产生影响的因素及时处理。施工方也可以与生产方就预制构件的保护措施进行磋商，进而使预制构件在运输到目的后可以尽快进入存储状态，这样有利于施工进程的紧密衔接；对于施工过程中由于多种因素而造成的施工进度减缓进而导致预制构件现场积压的情况，施工方可以通过 BIM 技术来模拟施工现场，并将模型信息与生产方实时共享，这有利于生产方在预制构件的生产以及运输中及时调整来符合施工现场状况，进而降低预制构件的积压以及由积压引起的质量问题。在技术层面，BIM 的信息控制系统需要与施工企业以及生产企业的资源计划进行联动，进而使具体信息能够被施工方和生产方所了解，在这其中 RFID 技术的应用可以达到对现场施工情况进行动态监督的效果，进而让管理人员了解预制构件的实际需求，并通过对库存状况的分析来启动下一步的生产运输计划。

三、BIM 技术在施工阶段的工程价值分析

在进入施工阶段后，预制构件的装配过程会成为这一阶段的重点内容，而 BIM 技术应用可以促进这一过程的高效运行，以下对 BIM 技术在施工阶段的工程价值进行具体分析。

（一）可以有效提升施工现场的管理效率

在正式进行施工前，设计人员可以通过 BIM 技术来模拟施工现场，进而从中发现施工中可能存在的问题并及时进行处理。这一做法的优势具体表现为以下几点：第一，在对施工现场进行模拟的过程中，也包括施工流程的模拟，具体到实际情况中，施工流程其实就是预制构件的装配过程。在完成标准化设计和预制构件的生产过程后，接下来进行的就是吊装准备、柱吊装、梁吊装、板吊装、楼梯和阳台的吊装、外墙板吊装等程序，这些程序虽然在施工顺序上都有固定模式，但是也可以通过 BIM 技术来进一步优化，使施工流程更加高效。第二，在施工过程中的安全问题应该被放在第一位，尤其装配式建筑方式属于新兴模式，无论在技术层面还是实践层面都需要经过一定的验证，而 BIM 技术可以通过模拟现场的安全事故以及突发事件来促进安全措施的及时制定。这对于减少安全事故的发生具有重要意义，但需要注意的是所制定的安全措施也应该通过 BIM 技术模拟来验证

其是否真的能够起到保障安全的作用。第三，在预制构件的装配过程中，会涉及构件的运输以及存放，如果在施工过程中不能很好地规划车辆行驶路线，那就会导致预制构件出现二次运输的问题，这不仅会降低施工效率，而且对资源也造成了一定的浪费。预制构件的存放也是装配过程中的重要环节，因为施工现场各个环节、工序的交叉进行，极容易对预制构件造成一些不可逆转的损坏，如果施工现场管理混乱，这样的损坏结果会更加严重。使用 BIM 技术可以通过模拟行车路线来达到优化运输管理的效果，进而使运输过程的效率得到提高。针对施工现场预制构件存放的问题，则可以利用 BIM 技术将现场所有的工序模拟其中，然后通过合理规划来调整工序流程，进而将预制构件受到损伤的概率降到最低。

（二）BIM 技术 5D 施工模拟优化施工，调整成本计划

在施工流程中包含多个环节，每个环节的实行都需要一定技术的支撑，并且有的环节的相关技术会包含多种类型，如在吊装环节中包括柱吊装、梁吊装、板吊装等类型，不同构件在进行吊装时需要根据具体需要采用对应的吊装方式，但是如果从现场效果来判断则会影响最终的装配效果。而使用 BIM 技术可以通过先期建模的方式来模拟不同吊装方式对预制构件以及装配效果的影响，在进行对比之后选出最佳方式。在 BIM 技术中开发出一种 5D 模拟技术，这项技术可以在对施工流程的模拟中更加详细具体，不仅可以对实际的操作过程进行模拟，而且还可以将施工项目所消耗的资金、人力等进行模拟，进而计算出施工项目的成本。这一技术的使用可以帮助施工方在制定施工方案时对其中的一些不合理之处进行修改，同时也可以实现施工过程中的成本监控。

（三）工程进度可以实现有效监督

在传统的施工进程中，施工过程一般都是按照施工图纸进行操作，但是由于设计图纸在内容呈现以及表现方式上的局限性，容易造

成施工过程中出现很多纰漏与不足。而使用 BIM 技术后，则可以通过具体模型来展现实际的施工过程，如在进行构件吊装过程时，如果按照静态的设计图纸来操作则会让施工人员对起吊过程缺乏足够的关注，进而容易在出现异常情况时没有相应的处理措施进行应对，而施工人员通过动态模型了解整个起吊过程后，则可以在起吊中及时应对一些突发情况。除此之外，当预制构件装配完毕后还需要进行工程检查，为了使工程检查的效率提高，可以将构件的详细装配步骤以及安装位置通过 BIM 技术储存到管理系统中，这样就极大地方便了后续工程检查的进行。传统的工程进度监督需要亲自到现场来进行查看，而使用 BIM 技术后则可以实现远程监督，具体为施工管理者可以每天将施工记录上传至相应的管理系统中，该系统就会将施工记录仪三维模式展现出来，工程监督者则可以从中了解到准确的工程进度。

四、BIM 技术在住宅运营阶段的工程价值分析

在住宅项目施工完成后会进入使用阶段，这一阶段中仍然可以利用 BIM 技术来对住宅的使用情况进行实时的监测进而及时发现住宅中存在的具体问题。

（一）可以通过加强管理来提高这一阶段的设备维护状况

在装配式建筑中，每一部分的预制构件数据都储存于 BIM 的管理系统中，那么则可以依据这些数据来构件对应的运营维护系统来完成对预制构件以及相关设施的监控。BIM 技术在这一方面的应用应该得到加强和广泛传播，其在实际生活中的作用是十分重要的，如当住宅突发火灾时，如果没有人及时了解或者在报警过程中没有将住宅地址完全讲清楚，那么则容易造成火灾的迅速扩大进而给人们的财产和生命造成不可逆转的损害。但是安装了 BIM 监测系统后，当火情一旦出现，立即可以通过报警渠道通知火警，并且将住宅的详细信息传

达出去以便于火警可以迅速找到着火地点进行灭火，并且火警可以从BIM监测系统中了解到住宅所使用的材料，进而有利于火警采用正确的灭火方法进行灭火。不仅如此，BIM监测系统还可以与住宅区的报警装置相连接，这样可以让更多居民在火灾发生时及时撤离到安全区域，进而降低火灾的实际损失。除了应对突发状况之外，通过装配式建筑方式建成的住宅在发生构件损坏时，住宅主人可以通过BIM系统来了解损坏构件的具体信息，包括生产厂家、具体型号等内容，这样就可以及时通知生产厂家派出专业维修人员进行维修工作，进而使构件得到及时的修复以减少损坏情况的继续发展。

（二）　加强运营阶段的能耗管理

装配式建筑在建筑领域的发展形势呈现出良好的态势，主要原因在于装配式建筑在减少资源浪费、更加环保实用等方面符合现在的社会发展理念。在这一理念的支持下，可以将BIM系统应用于住宅的能耗管理方面，进而来监督住宅各个方面的能耗情况，如果发现能耗较高的地方则可以在专业人员的处理下达到正常标准。

第三节　BIM技术贯穿装配式建筑全生命周期的具体应用

BIM技术在装配式建筑中的各个阶段的工程价值已经得到了论述，以下对BIM技术在各个阶段的具体应用进行详细阐述。

一、BIM技术在规划设计阶段的应用

（一）　BIM技术在多专业协同设计中的应用

在传统的设计中，设计人员会根据业主的具体需要来进行设计，

设计内容包含建筑物的外部形态、内部功能、空间安排以及对与周遭环境的融合等方面。这些内容的设计属于建筑设计师的责任，在他完成基础的设计后，还需要其他专业的设计师进行内容的添加，如结构设计师会在其中对住宅内部结构进行调整，而设备工程师会按照所需设备的具体功能来对各种设备进行排序。这样的设计过程是比较烦琐的，而且不同专业的设计师在设计理念上会存在一定的不同，具体呈现在设计图纸中就会影响整个设计方案的最初意图，并且在实际设计中，不同专业的设计师缺乏交流和讨论，只是各自按照自己的设计理念来进行，直到需要提交最终设计方案时才会进行统一核对，这时隐藏在设计草案中的一些问题就会呈现出来，可是工期已近，这样就会造成设计方案在修改中出现一系列的问题，进而导致设计效率降低、设计结果存在多种风险等。随着时代的发展，BIM 技术得到了进一步的提升，并且逐渐应用于建筑领域，最初在建筑方案的设计中得到了充分发挥。BIM 技术的使用不仅提升了设计方案的质量，而且在设计效率方面也得到了极大提升，主要原因在于此项技术的使用可以加强各种专业设计人员的沟通与交流，进而减少了后期施工过程中诸多问题的出现。在多专业进行协同设计中，设计人员可以在建筑设计、结构设计、机电设计以及构件拆分中使用 BIM 技术。

1. BIM 技术在建筑设计中的应用

建筑设计中主要是从建筑的总体布局上进行考量，百子湾建筑项目整体为南北向布局，并且在整体形态上呈现出灵活多变的特点。从外观上看，该建筑项目中每栋楼之间通过某种联系形成了"Y"形态，而且在高度设计上并不是保持一致，而是呈现出高低不同的形态，例如，最高的楼层为 27 层，接下来还有 23 层、19 层等多种高度类型。在住宅户型上共有四种，每一单元内都设置了两部电梯一部楼梯，并且为了确保消防安全特意安装了室外楼梯来解决人员疏散的问题。我们以其中一栋楼为例来进行分析，如图 5-6 所示。

图 5-6 楼型模拟效果示意图

依据此例子来分析 BIM 技术的设计应用，具体过程如下：首先，使用 Revit 技术建立三维立体模型，这有利于建筑设计师通过此模型来将自己的设计理念展现其中，并且可以借助模拟功能来验证自己的空间布局以及外部形态等方面是否与实际要求相符；其次，再使用 CAD 技术制出设计图纸，如图 5-7 和图 5-8 所示。

图 5-7 户型平面设计示意图

图 5 - 8　户型三维设计示意图

该例子中的建筑从 4 层以上开始使用装配式建筑方式，其预制构件在种类与数量上较多，如果使用传统的记录方法会存在一定的难度，而使用 BIM 技术则可以将所有预制构件的信息完整地呈现出来。具体过程为使用 Revit 软件来建立预制构件种类表格，进而将多种类型的预制构件加入其中，然后通过软件的整体功能达到迅速归类的目的，这样可以大量节省设计中频繁查找资料的时间；在预制构件的管理形成一定系统后，可以根据实际需要来改变某种预制构件的具体属性，在改变完成后，同类构件的信息也会得到同时更新。以预制墙体为例来分析该建筑项目中所需墙体构件的种类，如图 5 - 9 所示。

通过 Revit 软件的处理，我们可以对预制构件的各种相关信息进行了解，如预制构件的尺寸数值、材质、使用部位等，这些信息对后续的设计有着重要影响，因为在模型建造中必须将预制构件的详细信息进行输入，然后才能保证模拟效果的可信性以及准确性。在该建筑项目中，外墙构件在材质上并不是只使用了一种材质，而是根据具体需要加入了其他材料。一般的外墙构件主要是由钢筋混凝土制成，而该建筑中还包含石墨聚苯板与保温保护层，这样的材料添加主要是为

图 5 - 9　预制墙体构件种类示意图

了增强外墙的保温性能与防火性能。在对外墙构件进行具体设计时可以按照施工要求通过 Revit 软件来进行操作，具体为设计人员将墙体的厚度、材质等信息输入对应界面，然后就可以达到想要的目标，如图 5 - 10 所示。

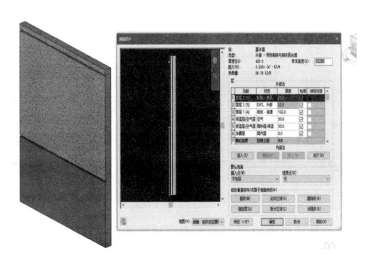

图 5 - 10　外墙构件信息输入界面示意图

在建筑方案的设计过程中，由于各种预制构件信息的影响而使设计过程变得缓慢，这时就需要使用明细表来解决信息繁多的问题。在实际应用中，使用 Revit 软件可以快速自动生成预制构件的信息表格，并且这张明细表是与各种图像、模型等直观信息是相互对应的，任何一种信息发生变更都会在另一方中得到迅速刷新的效果，这样就可以免去设计中烦琐的更新程序，进而有效提升设计效率与统计速度。并且有时应设计者的要求，这些明细表需要转换形态，如有时需要转换为表格形态，就可以利用 Excel 来完成操作。BIM 技术中包含各种软件及功能块的使用，这对设计者的使用水平形成了一定的考验，设计者需要通过提升自己的使用能力来提升通过 BIM 技术完成设计的能力。这样不仅能够在设计中加快设计速度，而且也利于后续过程中的信息共享。图 5 – 11 以门窗为例来展示其明细表模型。

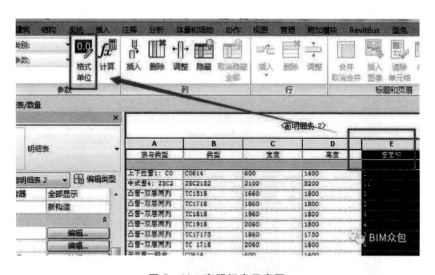

图 5 – 11　窗明细表示意图

在本建筑项目中由于内部装修与预购件装配并不是一体化完成的，因此，在进行设计时可能会存在一定的冲突。针对这样的状况可以使用 Revit 软件来进行解决，如在装配模型中加入内部装修所需要的设备、家具等构件，并通过具体模拟来达到最佳的匹配效果。而且在匹配完成后可以通过直观的立体图像进行呈现，以利于收集不同住户的意见，进而进行相应修改，这样可以使设计效率显著提升，并且有利于后续的市场推广工作。

2. BIM 技术在结构设计中的应用

在百子湾建筑项目中，其建筑结构为装配整体式剪力墙结构，这种结构体系的主要受力构件为剪力墙、梁、板等预制构件，这些预制构件在进行装配后还需要采用墙板间的竖向连接缝进行浇筑，这样可以使构件之间形成整体，并且在强度上获得足够保障。想要达到这样的结构设计，需要利用 Revit 软件来进行建模过程，因为该软件中已经储存了各种构件的详细信息，所以在建模时可以直接根据建筑模型来完成建模过程，但是使用该软件只能完成各种构件的连接，其内部的力学计算需要在专项的系统中完成。具体操作为：安装 Revit 接口补丁，这样可以实现该软件与专项计算系统的联接，进而将建立的构件模型传入专项系统中进行计算，在计算完毕后则可以通过这一渠道导入 Revit 软件中。这样的处理模式既简捷快速又可以得到精度较高的计算结果，有利于建模过程的快速实现。该建筑项目中使用的结构体系在实际应用中面临着很多难题，如该结构体系中有很多的节点需要进行处理，如果节点处理不好，那会对构件之间的连接造成严重的影响，所以必须对节点的设计极为重视。在传统的设计中，通常是在二维图纸上进行操作，这样不仅难度大，而且得出的结果也需要反复验证才能得到答案。而在 BIM 系统中，设计人员可以通过三维立体模型来对各节点进行分析，这样可以有效降低设计难度，并且可以通过模拟过程来对设计方案进行验证。

3. BIM 技术在机电设计中的应用

在建筑项目中，机电设计主要是从电力角度来对建筑与装修过程进行约束，进而达到电力使用的安全与经济。在传统的设计中，设计者通常只是根据自己的设计理念来进行设计，而没有考虑到某些预制构件的材质以及各种构件的连接情况，进而会在提高建筑方案时发现其中存在的冲突点以及由冲突点可能造成了突发事故。通过对火灾事故的调查，其中因为电力问题造成的火灾占据较大比例，这充分说明机电设计在设计方案中的重要程度。通过 BIM 技术可以实现多种设计的同步进行，这样就可以将机电设计与其他几种设计进行统筹考量，进而得出最佳方案。不仅如此，为了验证设计方案的可行性，可以通过将各种设计数据输入所建模型中，然后通过模拟各种可能出现的情况来验证机电设计是否满足用户的用电需求，并且还能达到安全用电的目的。如图 5 – 12 所示为部分机电模型图，从图中我们可以清晰地看到各种管线的穿插路径以及内部联系，这样的设计也有利于维修人员根据设计模型对线路进行检查，进而快速排除故障。

图 5 – 12　部分机电模型示意图

4. BIM 技术在拆分设计中的应用

拆分设计的目的是进一步避免因设计方案的不合理而造成的建筑装配中出现很多技术上的问题，从科学角度来分析，拆分设计与装配过程是互为相反的，但是在实际的拆分中因为具体因素的影响而使拆分过程不能按照最初设计来执行。其实拆分设计并不一定要进行拆分，而是为了验证装配过程在技术上的合理性，如果使用传统的方式来设计，其设计过程具有很高的难度。而 BIM 技术则可以通过建立拆分模型来完成合理拆分设计。图 5 - 13 中为利用 BIM 技术建立的拆分模型，通过模拟拆分可以拆分出很多预制构件，这样的拆分设计模型对装配方案的设计有重要的参考作用。

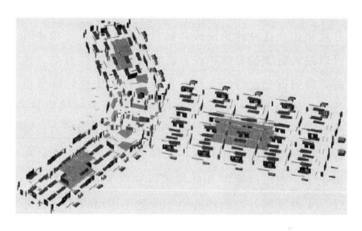

图 5 - 13　装配式建筑构件拆分示意图

（二）BIM 技术在多阶段协同深化设计中的应用

多阶段协同深化是方案设计过程中的重要环节，在完成前期的多专业设计后，设计方案有了最初的形态，但是想要达到应用的目的还需要进行后续的深化过程。阶段协同深化过程并不是只停留在设计阶段，而是会在后续的生产、施工中继续发挥作用，并且也能为各个阶段进行联系提供平台和条件。在进行该项程序时，设计人员首先应该了解原先的设计方案，然后再根据具体施工过程中存在的问题或者实际需要来对原有设计方案进行修改或扩充，进而使设计方案与实际情况相符合。在深化处理时，一般针对的是某些不够详细以及考虑不够周全的内容，而在设计理念以及设计功能上不会有太大改变，并且深化后的设计方案也必须进行审查，进而保证深化后设计方案的合理性。多阶段协同深化有利于各专业之间进行深度交流，进而根据实际需要制定出更加优秀的方案，这不仅可以有效提高施工效率，而且还能在成本控制、工程进度控制等方面取得更好效果。在装配式建筑方式中，可以使用 BIM 技术来加快多阶段协同深化的进程，进而使装配式建筑方式得到更加广泛的应用。

1. 预制构件的深化

在装配式建筑中，其最鲜明的特点就是预制构件的使用，与传统建筑方式相比，这种建筑模式具有很多优势，并且在建筑方案的设计中可以融入更多的专业特点。在百子湾建筑项目中，预制构件的深化需要得到拆分设计的支持，在传统方式中进行拆分设计时需要对根据建筑结构图以及各专业设计师设计的设计图来进行拆分，这样的拆分过程是比较缓慢的。而 BIM 技术的使用则可以快速完成这些过程，进而使预制构件的深化高效完成。例如，在对预制外墙构件的深化中，则可以通过 BIM 技术得到图 5 - 14 ~ 图 5 - 16 中模型，图 5 - 14 为预制外墙的构造图，由此图中可以了解到外墙中使用钢筋、混凝土、保温板等材料的型号以及相关尺寸；图 5 - 15 为预制外墙构件的剖面及配筋图，从图中可以对墙体内部的钢筋分布

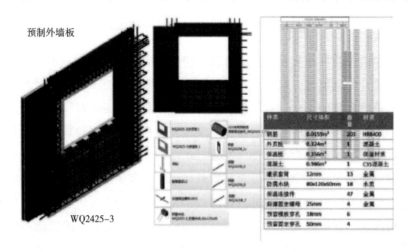

图 5 - 14　预制外墙模型构造示意图

进行明确掌握；图 5 - 16 为预埋件详图，这些预埋构件主要起到固定、连接的作用。

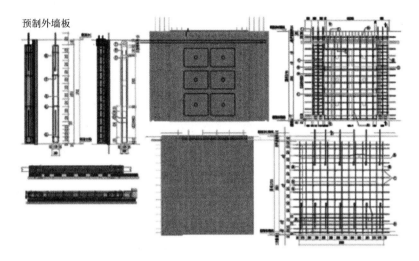

图 5 - 15 预制外墙模型剖面及配筋示意图

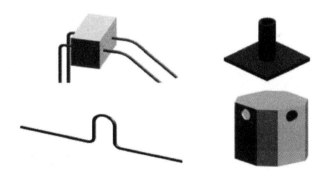

图 5 - 16 预埋件详示意图

2. 机电管线深化

通过 BIM 技术可以在机电设计中模拟多种管线接点、走向以及顺序，进而以实际需求为标准来进行模拟操作，最后得出合理的机电设计方案。在进一步深化的过程中，仍然需要利用 BIM 技术来让设计者对机电管线的布置地点以及管线走向进行明确辨别，然后再次对机电管线中可能发生碰撞或者根据实际情况中容易使机电管线发生碰撞的因素进行相应的设计变更，进而使机电管线不会因为设计问题而出现电力故障。除此之外，因为机电管线作为比较重要的结构，必须在建筑或者装修中对其进行严格的保护，如要在机电管线外部覆盖不导电而且抗压、防潮、抗氧化等物质，这样不仅能够保护机电管线不受外界因素影响，而且还能防止因管线之间保护壁破坏而产生的短路等问题。在机电管线的深化中，其功能的保障应该放在第一位，而后进行的是机电管线的合理布局，这样不仅可以使外观上符合人们的审美要求，而且也利于后续的维护和保养。使用 BIM 5D 技术在机电管线预埋位置的确定上具有一定优势，其具体操作过程如下：通过 Revit 软件将存储于管理系统中的机电管线设计方案传入 BIM 的审图软件中，这一软件可以通过多个模拟过程完成机电管线之间的碰撞试验，进而根据检查结果来调整机电管线的优化排列。图 5 - 17 显示的是机电管线碰撞试验后进行修改的过程。

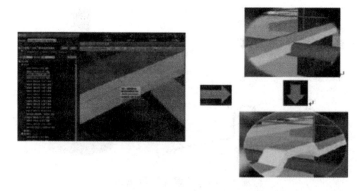

图 5 - 17　管线碰撞及修改示意图

从图 5 - 17 中我们可以看到出现了重叠碰撞的情况，而在处理方式中使用了过桥式来避免两条管线的交叉。取得这样的效果图得益于 BIM 技术的模型建立功能，并且 BIM 技术可以在深化过程中将机电管线的方案进行进一步的优化，并且根据发现的碰撞问题加工出对应的预制构件来调整管线走向。

3. 节点的深化

节点的设计过程是支撑装配式建筑的重要环节，只有保证节点设计的合理，才能为预制构件的合理安装奠定基础。在节点的设计中，其合理性会关系到后续的深化过程，因为如果节点设计不合理，则会在设计方案的审查中被发现。从这一层面分析，节点的设计对预制构件的安装具有重要影响，其设计过程必须得到专业设计人员的严谨对待，并且采用合理的计算方式加以验证，而 BIM 技术的应用可以使这一计算过程更加快捷，以利于设计人员可以根据计算结果来进行调整和改变。在实际情况中，由于节点设计不合理而造成的工期延误时有发生，这充分说明节点的设计需要专业知识的支撑，即使使用 BIM 技术也应该对不同节点的作用进行明确。通常在节点的深化中会通过以下方式来进行。

（1）现浇节点钢筋绑扎优化。

在装配式建筑过程中，预制构件的安装和连接必然会出现多个节点，而在这些节点之中，其与现浇部位的节点为最基础的类型，并且这一类型中的节点经常会为某些因素的影响而造成一些难以预料到的问题，如由于预制构件在安装中定位点的偏差造成与现浇点不能连接或者现浇点所浇筑的节点与预制构件的连接点不匹配，这些问题在实际建筑中经常遇到。而 BIM 技术的使用能够通过对施工方案以及施工工艺进行模拟的方式来让设计人员、施工人员、生产人员等对现浇点构造和预制构件的连接点设计更加明确，进而有利于节点的后续深化。预制构件在与现浇点进行连接时，通常使用的工艺是将预制构件的纵向钢筋在与现浇柱进行锚入连接后，再与现浇点的横向钢筋进行搭接形成 135 度的弯钩。但是在使用 BIM 技术对这一连接过程进行模拟时发现，这种传统的连接方式在实际情况中会因为钢筋连接处缺少边缘绑扎而造成连接不稳定的情况，针对这种情况，设计人员仍然使用 BIM 技术对各种改进工序进行模拟，最终根据测试效果选定了其中一种工序。这项工序的具体操作为将预制构件纵向钢筋的 135 度弯钩改为通过将纵向钢筋与现浇点的锚筋进行焊接的方式来进行加固。这项工序的优点是可以有效防止预制墙体在安装过程中由于钢筋的弯折而影响钢筋强度，进而影响建筑质量的情况出现，不仅如此，这项工艺在具体操作中更加直接、简单、稳定，这样可以有效加快安装速度而进一步缩短工期。BIM5D 技术是一种新型的 BIM 技术，这项技术的开发为建模过程提供了更为直观的角度，可以实现设计人员从多个角度来分析节点连接的具体情况。钢筋绑扎模型与现场施工图如图 5 - 18 所示。

图 5 - 18 钢筋绑扎模型与现场施工示意图

（2）劲性混凝土构件深化。

劲性混凝土是一种由混凝土、型钢、纵向钢筋以及箍筋组合而成的混凝土结构，这种混凝土结构与一般的混凝土相比具有更高的强度与韧性，但是在与预制构件进行连接时需要在劲性混凝土上打孔，而其中的型钢具有较高的强度而导致开孔难度上升，进而使这种连接方式难以高效实现。而使用 BIM 技术可以通过三维模拟的方式来验证不同钢筋排列对劲性混凝土强度的影响，进而根据验证结果来选择最优方式，并且可以通过模拟试验找到合适的开孔位置，使预制构件的钢筋避开劲性混凝土中的型钢，这样不仅可以保证预制构件与劲性混凝土的连接强度，而且也能避免型钢打孔而降低整体强度的问题出现。劲性混凝土钢筋绑扎节点模型图如图 5 - 19 所示。

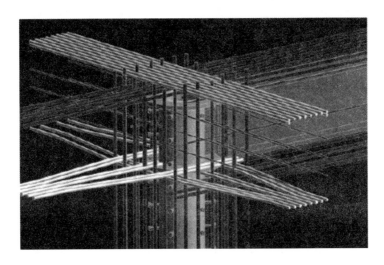

图 5 - 19 钢筋绑扎节点模型示意图

二、BIM 技术在构件生产阶段的应用

随着时代的发展以及工业化进程的愈加深化，建筑领域也逐渐实现了工业化的生产模式，尤其在装配式建筑中，预制构件的生产就已经初步实现了工业化生产，并且这一阶段是在专项工厂中进行，而且在生产中使用多种高精度的机械用具。在装配式建筑模式中，预制构件的安装过程是通过工厂加工然后运送至现场后进行施工，这种模式的优势在于可以有效避免传统建筑模式中外部环境对混凝土的影响，而且还能通过严谨的设计过程来减少传统施工中因操作问题而导致钢筋穿插错误。在传统的建筑模式中，预制构件主要是通过现场浇筑来完成的，而这一过程中就会涉及钢筋的穿插与排序问题，如果仅仅按照施工人员的经验或者依靠一些设计图纸的指导来浇筑构件，则容易出现一些错误而导致构件的实际效用不达标。而通过工厂制造来生产

预制构件则能够有效避免这些问题，而且随着 BIM 技术的使用，预制构件的生产过程变得更加专业和合理，进而使预制构件的质量得到极大提升。除此之外，工厂化的生产方式还可以降低因现场施工而造成的环境污染，这一特征是装配式建筑方式的优势所在，而且这样生产出来的预制构件在质量以及精度方面达到了更高的水平，进而可以使建筑的整体质量获得提升。通过以上分析，我们可以了解到预制构件生产过程的重要性，那么通过 BIM 技术来进一步完善和提高生产效率以及质量就显得更加重要。

在百子湾建筑项目中，预制构件的拆分设计与深化阶段已经处于完成阶段，并且制备了完善的设计图纸以及可以反映出钢筋位置、设备预留孔洞、预埋件等内容的三维模型，那么在后续的预制构件生产中这些内容都可以成为生产阶段的依据。以下以预制楼板构件为例来进行分析，图 5 - 20 和图 5 - 21 分别为预制楼板的加工模型图和工厂的实际施工图。

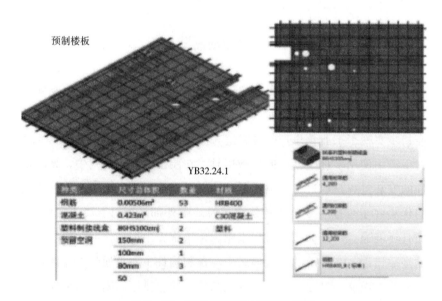

图 5 - 20　预制楼板加工模型示意图

图 5 - 21　预制楼板现场施工示意图

　　BIM 技术在生产阶段的主要作用是为生产流程提供一个共享平台，设计人员可以通过此平台来对预制构件进一步设计，进而使之满足实际需要，而且设计人员在进行此设计过程时并不需要反复核对构件信息，而是通过此项技术可以迅速找到对应信息，这样可以使设计速度满足生产要求；生产人员可以从此平台上获取到施工方最新的设计方案，然后根据具体的尺寸、精度要求来进行生产，但是在这一过程中施工方也可能会对预制构件进行细微的调整，这些调整信息可以在这一平台上呈现出来，进而对生产过程进行有效指导。BIM 5D 平台在信息的处理中更具优势，不仅可以根据实际需要更新最新构件模型，进而确保模型的准确性与统一性，而且还能根据预制构件的各种信息自动完成构件内部的钢筋规划，如图 5 - 22 所示。

　　除此之外，还能够生成各种材料的明细清单，如图 5 - 23 所示。

　　BIM 5D 平台除了生成清单外，还会根据施工阶段的不同而制定出对应的材料采购计划、材料现场需求计划以及材料进场计划，这些材料计划的可行性是影响施工进程的重要因素。通过这些材料计划，生产人员可以进行具体构件采购、工厂生产以及运输计划，然后施工方也会进一步调整施工现场的安装计划。BIM 平台的建立可以将这些具体数据进行统筹，从生产阶段来分析，这些数据可以成为生产管理和生产平台建设的基础，当实际生产情况发生变化时，会及时反馈到生产平台进而进入 BIM 平台，BIM 平台对新的数据内容进行处理后存入管理系统，进而为后续的生产计划服务。

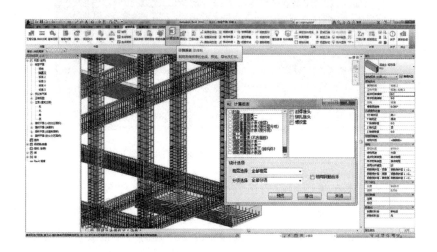

图 5 – 22　BIM 5D 平台示意图

序号	材料名称	材料材质	材料规格	材料数量	备注
1		HRB400（三级）	25	0.648	单根长度12m
2		HRB400（三级）	32	0.605	单根长度12m
3		HRB400（三级）	28	0.231	单根长度12m
4		HRB400（三级）	16	0.171	单根长度9m
5		HRB400（三级）	20	0.4	单根长度9m
6		HRB400（三级）	12	0.34	不含桁架筋
7		HRB400（三级）	10	1	不含螺旋筋及桁架筋
8	钢筋	HRB400（三级）	8	0.37	
9		HRB400（三级）	14	0.017	
10		HRB400（三级）	8	0.03	
11		HRB400（三级）	20	0.017	
12		CRB550	$\Phi^R 5$	0.06	
13		HRB300（一级）	6	0.003	不含桁架筋
14		HRB335（二级）	12	0.008	
15		HRB335（二级）	16	0.01	

图 5 – 23　各种材料的明细清单示意图

　　BIM 技术的使用可以将人工生产过程转化为自动生产，这样不仅能够有效提升预制构件的生产质量，而且还能在生产效率上取得一定提升。在 BIM 技术中，人们可以使用 RFID 射频识别技术创建预制构件的电子标签，这一电子标签中包含预制构件的各种信息。当施工方使用预制构件进行装配时，可以通过扫描标签来查看标签内部的所有信息，包含预制构件的几何尺寸、所用材料以及所用位置等基本信息，如果该预制构件有过维修返厂记录，也能够从电子标签中获得这一信息。利用 RFID 技术这一特点可以创立预制构件的质量管理系统，并且在质量管理系统中不仅包含以上的基本信息，而且还会将预制构件当前所处状态进行显示，并且随着预制构件由生产到使用的变化进行信息的不断更新。图 5-24 为 RFID 编码技术的实际使用过程，在这一过程中预制构件通过 RFID 技术获得了电子编码，并且在整个生产加工过程中发挥作用，包括构件生产、材料堆放、构建运输三个阶段，然后进入施工现场后施工人员仍需要通过识别电子标签来进行具体安装，安装完毕后还需要进行后期维护，这一阶段也可以通过扫描电子标签来实现高效维护。RFID 技术的使用让预制构件全程处于质量监控中，如果出现问题或者信息丢失的情况，则可以在扫描过程中迅速得到了解。在实际的生产过程中，每一个加工环节也可以通过 BIM 技术来实现全程监控，并且会将每日的生产情况转化为具体信息存入管理系统并进行进一步的分析，如果存在问题则会及时反馈到生产环节，进而促进生产的及时调控。这一过程在进行时会以移动设备检测为主，如图 5-25 所示。

图 5-24　构件电子标签

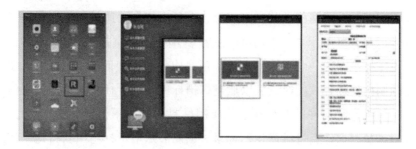

图 5 – 25　移动设备检测

而实际构件生产线监控则如图 5 – 26 所示。

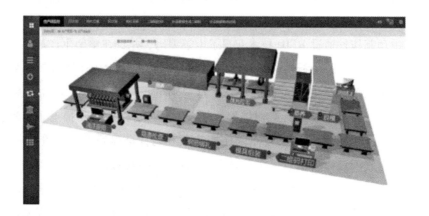

图 5 – 26　构件生产线监控

综上所述，生产阶段中 RFID 技术具有重要作用，可以通过创建电子标签的形式实现构件由生产到利用的整个过程，无论哪一环节出现问题都可以通过电子标签达到迅速追踪与及时处理的目的，进而形成预制构件完善的质量管理体系。

三、BIM 技术在施工阶段的应用

施工阶段在装配式建筑的整个过程中占据重要地位，在这一阶段，施工人员会按照安装规程实现预制构件的连接和装配，进而形成建筑形态。预制构件的装配需要按照一定的施工流程来进行，包括吊装、拼接、现浇等过程，并且在进行施工时需要对施工工序进行严格的要求，应该完全按照设计好的安装规程来进行，如果工序出现错误，则会导致一些计算结果出现偏差，进而影响整个建筑工程的质量。但是在实际情况中，施工工序比较繁杂，如果仅仅依靠人员记忆以及安装图纸，则容易出现安装上的失误，而BIM技术的应用能够以更加直观的方式将施工流程完整地记录下来，进而有利于后续施工进程的快速进行。以下从施工场地布置、施工模拟以及施工管理等方面来对BIM技术的优势和具体应用进行介绍，并且以预制外墙为例来介绍其施工过程。

（一）场地布置

场地布置指的施工前根据工序的不同而划定对应的工作区域，如在施工中有材料供应、现场指导、施工安装以及人员休息等方面的内容，这些内容都会占据一定的位置区域，并且缺了其中任何一项都会造成施工流程的不完整，尤其是现场指导对提高施工人员的安全保障有重要作用。从本案例出发，该建筑工地上存在多处施工的现象，塔吊设备就达到了八台，这样的施工现状给预制构件的存放以及运输造成了一定困难，针对这样的情况我们可以通过BIM技术来进行解决，具体过程为依据施工现场条件进行模型建立，将各个施工区域、构件存放区域、构件运输区域以及塔吊位置及数量全部转化为模型进行现场模拟，然后由设计人员提出多个方案进行测试，进而选出最优方案。在这个过程中，设计人员主要通过Revit软件来建立三维立体模型，将施工现场的多种工序转化为具体元素融入模型中，进而来查看场地布置是否能够解决目前构件安装中的一些问题，并且也需要预防新的问题的出现。图5-27为场地布置模型，从图中我们可以看到塔吊设备位于每一栋建筑物的前方并且保证能够覆盖安装中的每一个位置。

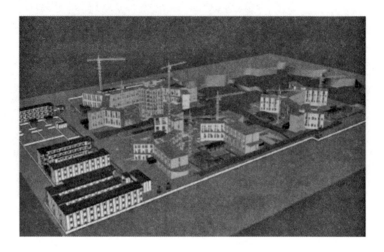

图 5 – 27　场地布置模型

（二）　施工模拟

施工模拟为动态过程的模拟，在模型建立中需要对施工单位及设备的运行情况进行详细了解，然后再根据实际安装过程进行施工模拟。通过 BIM 技术可以达到建立三维模型来对施工流程进行模拟，如可以通过模拟塔吊设备吊装预制构件的整个过程，这样可以让施工人员更加清晰直观地了解预制构件地吊装顺序，进而确保预制构件的正确安装。在传统的吊装中施工人员会在工期较紧或者不够认真的情况下造成吊装顺序错误，这不仅会贻误了工期，而且也造成了资源浪费，甚至这样的行为会引发安全事故的出现。在该案例中，预制构件进行装配时需要经过严谨的节点计算进而来确定节点设计方案，但是在实际安装中仍然存在很多实际问题和困难，我们可以通过 BIM 技术来模拟节点连接中出现的多种状况，进而针对具体的状况研究出对应的处理方式，然后再将这些处理方式通过模拟过程来进行验证。因为节点的安装与连接是装配式建筑中的难点与重点，所以设计人员与施工人员必须对其采取足够重视的态度，虽然使用 BIM 技术能够在一定程度上加快这一工序的进行速度，但

是在实际操作中仍需要做到严谨无误。图 5 - 28 为预制墙体到预制
叠合板的施工过程模型。

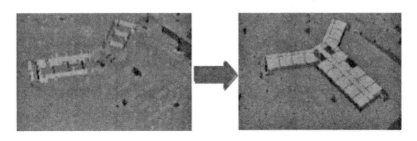

图 5 - 28　施工模拟

（三）预制外墙的施工过程

预制外墙的装配是预制构件安装中的重要内容，其施工工艺如下
所述：在预制外墙进行吊装之前，需要进行三项准备工作，即灌浆连
接钢筋位置的校核与调整、预制外墙外侧底部的防漏工作以及预制外
墙标高控制螺栓调整，在这三项工作达到标准后则可以进入预制墙体
的吊装安装过程。在装配过程中首先需要进行预制外墙体的保温空隙
填补，然后进行竖向钢筋的绑扎，在完成后则进入模板安装过程，最
后进行浇筑混凝土工作。预制外墙安装完毕后则需要进行与底部混凝
土底座的连接，连接方式除了钢筋绑扎和焊接外，还需要通过灌浆来
加固连接强度。外墙的安装必须达到一定的强度标准，因为外墙要面
临风压、雪压等外界因素的冲击，只有强度达到标准才能确保住宅的
安全。不仅如此，预制外墙的材料也应该达到保温与防火的功能，
图 5 - 29 为预制外墙的组成图。

BIM 技术的使用会贯穿外墙的整个安装过程，以下我们从安装中
工序的顺序来进行论述。

1. 前期准备工作

预制外墙构件的生产、运输、存放等工作都属于前期的准备工
作，我们可以利用 RFID 技术来实现对这个过程中外墙构件的实时跟

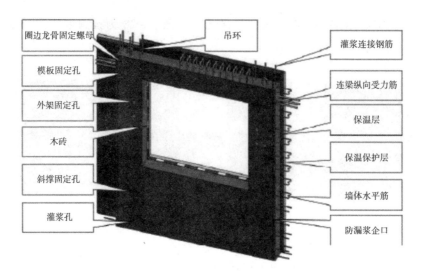

圈边龙骨固定螺母

模板固定孔

外架固定孔

木砖

斜撑固定孔

灌浆孔

吊环

灌浆连接钢筋

连梁纵向受力筋

保温层

保温保护层

墙体水平筋

防漏浆企口

图 5 - 29　预制外墙组成图

踪与管控，如外墙构件在出厂运输时，可以通过扫描构件上的电子标签来确认构件已经出厂，并且这一信息也会进入 BIM 平台的管理系统，进而实现对构件运输过程的全程监督。在构件运输到施工现场后，施工方会派专人进行验货，验货完毕后也需要通过扫描过程来确认构件已经到达目的地并且验收合格，这些信息都会传入 BIM 管理系统，成为构件信息的一部分。其过程如图 5 - 30 所示。

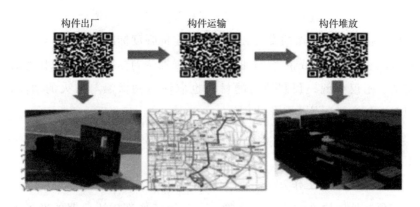

构件出厂　　　　　构件运输　　　　　构件堆放

图 5 - 30　构件进场流程

　　通过外墙的安装流程可以知道，在进行正式吊装前需要进行三项检查工作。第一项为对灌浆连接钢筋时其具体位置的调整，在调整过程中主要是利用钢筋定位工具来测定灌浆位置，进而保证外墙连接时底部钢筋可以与混凝土底座连接紧密。同时利用BIM技术可以实现连接位置的准确定位，这样有利于后续的调整与维修。在本案例中使用了钢筋定位技术，进而可以有效提高预制墙体的组装速度与准确率，定位钢板如图5-31所示。

图5-31　定位钢板

　　第二项准备工作为在预制墙体外侧的底部提前进行防漏浆封堵，这是为了防止后期装配完毕后进行灌浆时造成渗漏。从实际情况来看，预制外墙外页板下跨达到了35毫米，如果不进行提前封堵，就会影响后期的座浆工作。一般所采用的封堵措施为在外墙底部安装PE棒密封构件，如图5-32所示。

图5-32　PE棒

第三项工作为将控制墙体标高的螺栓提前与埋在下层连接面上，这样能够通过调节螺栓来调整外部墙体的高度，使其达到合格标准。调高螺栓的预埋点需要通过一定工具的辅助进行测量，其确保螺栓在不影响正常装配的前提下发挥作用。预埋螺栓如图 5 - 33 所示。

图 5 - 33　预埋螺栓

2. 施工过程

在进行预制外墙装配的过程中，第一步进行的是吊装工作，但是在吊装时需要通过扫描预制构件上的电子标签来确认所吊的构件是否符合安装工序，这一过程可以通过 BIM 管理系统直接实现，不再需要人工进行核对。在吊装过程中，吊车司机应该按照信号工的指挥来进行操作，其吊装速度与两者的合作默契度有很大关系。在预制外墙构件被吊至正确位置后，接下来进行的就是实际安装过程，在安装时首先应该调整预埋的调高螺栓，使其满足外墙装配时所需要的高度标准，然后再对预制外墙的垂直度及具体位置将进行调整，在调整垂直度与位置时需要使用斜撑装置，并且在实际使用时需要调整这些斜撑的位置，以利于外墙调整结果的优化。通常在调整斜撑位置时需要使用 BIM 技术建立位置模型，并与装配的整体模型进行比对，如果存在冲突则需要调整，其模型如图 5 - 34 所示。

在预制外墙的装配过程中，两面外墙的连接之处需要进行保温处

图 5 – 34 斜撑模型

理，具体为使用专项材料进行塞缝，这样的材料在材质上除了具有保温作用外，还应该具有较强的黏合性以及防水性，这样能够保障塞缝材料作用的充分发挥。在塞缝过程中有问题的塞缝材料容易形成冷缝，进而使保温效果下降，为了解决这样的问题应该尽可能地避免混凝土浆料进入立缝中而影响后期的密封工作，有时为了加强塞缝材料的实际作用，可以采用跨缝粘贴自粘性防水材料的方式进行加强。塞缝处理的过程如图 5 – 35 所示。

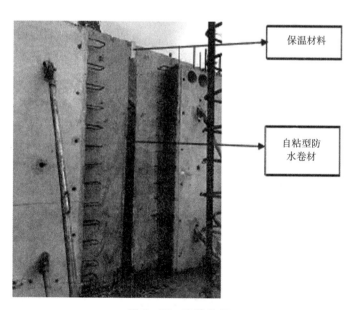

图 5 – 35 塞缝处理

　　在前期准备中会对外墙体底部外侧进行密封利于后期的灌浆工序，所以外墙体底部的内侧可以在外墙装配后完成灌浆密封程序，从材料层面分析，灌浆封堵所用材料应该与外墙体材料不同，最低标准是使用比墙体强度大一标号的砂浆。在外墙体的底部达到全面灌浆处理且强度达到标准后，则可以进行外墙体的全面灌浆。具体灌浆如图 5 - 36 所示，从图中可以看到底部套筒为前期底座灌浆时的作用，在其完成后则进入上层套筒的灌浆中，其灌浆标准以浆料溢出套筒为准。

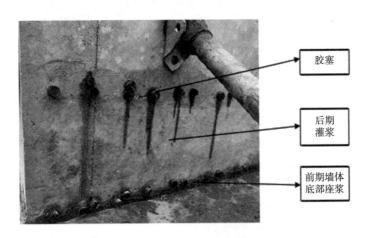

胶塞

后期
灌浆

前期墙体
底部座浆

图 5 - 36　座浆与灌浆

　　外部墙体竖向钢筋的绑扎工作是一项难度较大的工序，在进行此工序时，可以首先利用 BIM 技术来模拟整个绑扎过程，然后将传统绑扎工艺转化为模拟行为进行模拟绑扎，进而从结果来分析传统绑扎工艺的优势和缺点。设计人员可以根据模拟结果制定调整方案来优化原有绑扎工艺，并且将整个绑扎流程以三维立体图像展现出来，这样不仅可以让施工人员对绑扎工序有更加深刻的了解，也能进一步促进绑扎工艺的发展与提高。图 5 - 37 为钢筋绑扎过程的截图。

　　在钢筋绑扎完成后，外墙体的装配基本完成，后续进行的工序是模板安装。在模板安装过程中要注意模板之间的缝隙不能超出一定标准，如果缝隙过大则会导致混凝土从夹缝中漏出。针对这种情况，一

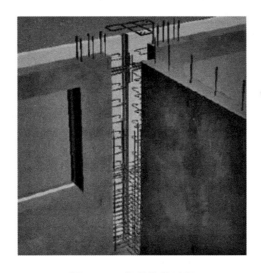

图 5 - 37　钢筋绑扎过程

般采用的处理方式为在预制外墙与模板的搭接处构造企口,并且确保
模板为固定的压条,这样可以进一步形成字母口而避免漏浆现象的出
现。在这些工序完成后就要进行混凝土浇筑工序,在浇筑时应该确保
与上一层的现浇部分一起完成浇筑。图 5 - 38 为模范施工图。

图 5 - 38　模板施工图

(四) 施工管理

1. BIM 在施工进度管理的应用

装配式建筑的发展呈现良好趋势，其优点主要表现在施工速度快、造价成本可控等方面，除此之外，BIM 技术的使用为装配式建筑的合理施工提供了科学保障，进而保证实际的施工进度。在原有的 BIM 技术中，所建立的三维模型是从空间角度进行思考的，而随着建筑要求的逐渐提高，BIM 技术中又将时间与成本作为新的对象引入建模过程，进而形成了装配式建筑的 5D 管理模式。在实际操作中首先是使用 project 软件来编制施工进度计划，如图 5-39 所示为施工进度计划，从图中可以看到每层建筑的完成所需要的具体时间。

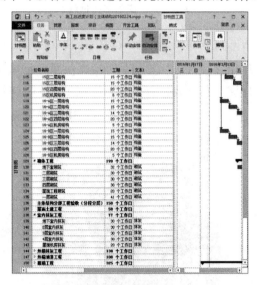

图 5-39 施工进度计划示意

然后将施工进度表、成本规划表与使用 Revit 软件制成的具体施工模型导入 BIM 5D 平台中，进而得出具体的施工进程、施工进度以及成本之间的关系。设计人员可以通过改变其中某一项来达到改变其他几项的目的，图 5-40 为施工进度的模拟图。

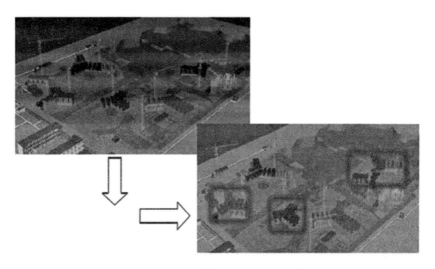

图 5-40　施工进度模拟图

制作出施工进度模拟图只是从理想状态来分析施工的最优成果，但是在实际情况中存在很多难以预料的因素，如天气、政策等，但这一模型并不是静态不变的，而是可以通过调整其中某一项获得不同的改变效果。依据此模型，设计人员和施工方可以从实际情况出发制定出几套应对措施来尽可能避免工期延误的情况，并且可以由此建立完善的施工管理平台，进而促进施工过程的有效管理。这样的管理方式与传统项目的进度管理相比具有很大优势，在传统方式中人们一般都是根据以往积累的建筑经验来赶工期，这样的施工进度管理方式是极度不合理的，容易因为赶工期而给工程质量和安全管理带来隐患。表 5-1 为 BIM 进度管理方式与传统方式的对比。

在具体施工中，负责构件安装的人员可以通过 RFID 扫描器来对预制构件的电子标签进行扫描，进而完成构件信息的收集与存储过程。在信息收集完毕后，则可以利用相关进度管理软件来进行进度信息的编制，然后再将这些信息传入模拟软件中进行模拟，进而得出详细的施工进度计划安排表。管理人员可以根据现场施工情况来调整施工进度表，并且应该通过对比找到其中存在的问题或者分析出外部影响因素。图 5 - 41 为某次进度计划表与模型的状况。

表 5 - 1　　　　　BIM 进度管理方式与传统方式的对比

项目	传统方式	BIM 方式
进度依据	经验 + 阶段进度要求	根据工程量核算的工程进度安排
物资分配	粗放	精确
控制方式	通过关键点控制	精确控制每项工作
现场情况	做了才知道	事前已规划好，仿真模拟现场情况
工作交叉	以自己专业为准	各专业之间按协调好的图纸施工

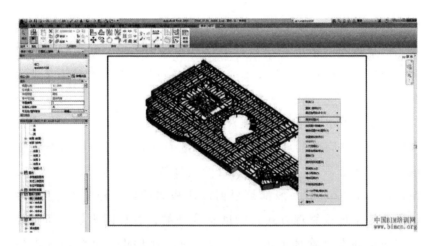

图 5 - 41　进度计划表（红色为施工进度落后）示意图

2. 成本管理模块

在施工成本的管理中，主要包括四个部分，分别为工程量统计、支付审核、消耗量分析以及资金计划。第一，工程量的统计是成本管理中的关键环节，如果工程量统计出现误差，则直接关系到工程成本的预算编制工作，所以必须在统计过程中对每日的工程量进行精确计算。但是使用传统计算方法在对工程量进行计算时，由于数量繁多而给计算过程造成了难度，这样容易在计算中出现差错进而导致成本的预算工作出现问题，而使用BIM技术则可以较为轻松快捷地解决这一问题，因为在建模过程中，各种建筑信息、结构信息以及机电信息等都会完整保存在模型的管理系统中，当需要对工程量进行计算时则能够快速根据计算者的要求得出结果，如计算者只对墙体或者门窗等单项工程进行工程量统计时，BIM系统可以根据要求来自动提取出对应部分进行统计，这样的计算速度与分类速度是传统计算方法无法比拟的。图5－42为使用BIM技术进行的工程量统计图。

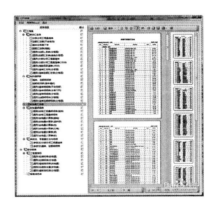

图5－42　工程量统计示意图

第二，支付审核是成本管理中将工程进度转化为支付状态后进行的审核过程，设立此过程的目的是进一步落实进度款是否正确。在实际操作中，计算人员可以通过BIM技术快速实现支付审核过程，并且还可以在审核时通过更加直观、可视的方式让计算人员对进度款与施工进度的关系进一步明确，从而避免超出付款或者成本漏洞的出现，如图5－43所示。

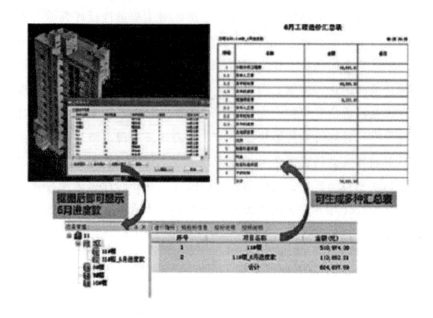

图 5 – 43　进度保量审核示意图

第三，消耗量分析与工程量统计是相对的计算过程，通过消耗量分析可以了解施工过程中哪些地方消耗了成本。消耗量一般包括施工项目中所有人员的公共花费、各种材料的费用以及机械的折旧费与维护费用等。使用 BIM 技术可以更加详细、准确地了解消耗量的范围，进而有利于成本的合理调控。

第四，施工项目在进行成本管理时，还需要根据实际需要继续购买材料、增加施工人员等，那么必须依据这些内容进行资金计划。首先可以使用 BIM 技术将施工进度的模型与时间建立联系，然后计算出某一建筑所需的建造时间，这样就可以初步计算出该建筑项目的工程造价。施工企业可以根据此工程造价来制定具体项目的资金计划。

3. 质量安全管理模块

除了对施工进度与成本方面的控制外，利用 BIM 技术还能在施工质量以及施工过程中安全管理等方面发挥重要的作用。质量安全管理可以分为四个部分，分别为产品质量管理、技术质量管理、现场安全监控管理以及协调管理，每一个部分都对质量安全管理有重要影响。第一，产品质量管理主要是对预制构件质量以及建筑完成后的质量水平，但是传统的质量评价方式在对质量进行评判时很难达到精确的结果，而使用BIM技术则可以通过建立信息管理系统来对施工项目的全程进行监控管理，如预制构件从设计、生产到安装使用都可以通过BIM系统来全程追踪，如果出现质量问题则可以及时解决。不仅如此，施工项目中具体的施工流程也可以通过模拟的形式导入管理系统，当某一方面出现问题时，则可以调出对应的施工流程来进行研究和探讨。第二，技术质量管理主要是从技术层面来对施工项目的质量进行评价，在进行评价时包含施工技术、设计技术以及维护技术等类型。使用BIM技术可以创建技术标准平台，以利于专业的设计人员通过这一平台进行相应的计算与研究，进而促进设计方案在施工技术上向标准化的方向发展。在施工技术确立之后，必须通过相应的培训来提升施工人员的技术水平，并且应该通过BIM技术建立实时监督系统，以利于符合施工条件的员工进入工作岗位，这不仅有利于施工项目技术标准的提高，而且对后续安全管理也具有重要影响。第三，施工现场由于施工条件的限制以及施工设备、施工工序的繁多，极有可能出现一些安全事故，再加上传统施工管理中对安全监管的不严格而导致出现很多安全隐患。施工管理的良好运行能够促进施工进度以及施工质量的提高，而使用BIM技术则可以通过模拟施工现场的方式找到最佳的施工管理方式，如可以通过对施工工序的调整来为预制构件的运输、安装提供足够的空间和时间，这样既可以加快施工速度，而且还可以避免因多种工序冲突而造成的安全事故。第四，从现场安全监控管理中可以得出施工管理的重要性，但施工管理仅仅依靠某一个部门是难以达到理想效果的，所以必须将施工项目中所有的负责部门结合在一起，进而通过统筹调节的方式来提高施工管理的效果。可是从实际情况来看，这种统筹模式如果缺乏一定的技术支撑，则容易造成部门之间的不信任而影响协调管理的效果。针对这种情况，可以使用 BIM 技术来建立统一的管理平台，然后通过多方协调制定出合理的管理方案，并通过模拟过程来验证方案的可行性，这样不仅可以实现施工管理的透明化，而且还能提高处理具体问题的实际效率。

四、BIM 技术在运营阶段的具体应用

在建筑项目完成后，并不意味着 BIM 技术应用的结束，反而应该利用这项技术来对建筑物进行监控，而且这也应该成为未来的发展趋势。运营管理部门可以利用 BIM 技术来对相关建筑住宅进行监控与管理，而运营管理部门并不是只有一个部门，如预制构件的生产部门会负责预制构件的质量问题，当预制构件发生质量问题时可以经由预制生产部门进行维护和修理。使用 BIM 技术还可以实现很多功能，如相关部门可以通过 BIM 技术实现对住宅的管理，而与住宅相关的数据则可以成为管理过程中的信息基础，以利于在管理过程中调用其中相关信息。例如，预制构件生产部门在对损坏的预制构件进行维修时，也需要通过 BIM 技术来了解此构件存在的问题以及发生问题的具体原因，这对后续的维修有重要的参考作用。在实际生活中，住宅中所安装的设备会因为某些因素的影响而出现问题，例如，当住宅中的水管破裂后首先应该找到水阀位置进行关闭，但是用户未必知道水阀的具体位置，这时就可以通过 BIM 系统来定位水阀位置，然后进行关闭；不仅如此，住户还可以通过此系统了解水管的各种信息，进而有利于更换水管。图 5-44 显示了 BIM 在运营管理中的多种运用。

图 5 - 44 基于 BIM 的运营管理

第四节 BIM 技术在装配式住宅之中的
应用优势和相关影响因素

一、BIM 技术在装配式住宅中的应用优势分析

随着装配式建筑的不断发展，人们的住宅在生产方式上逐步转向产业化，但是产业化的结果是住宅数量的大幅增加，如果不能对住宅实现全寿命周期的管理，则这种发展趋势就会变得毫无意义。而 BIM 技术的使用为住宅全生命周期的管理提供了技术条件，在目前的条件下，传统预制施工手段制成的柱子、梁板、楼梯、阳台等构件都可以工厂生产的方式来实现，这不仅为装配式建筑的良好发展提供了条件，而且也为 BIM 技术的使用奠定了基础。通过 BIM 技术可以从预制构件的设计阶段开始到最终的运营阶段实现全程的监控，其应用优势主要表现在以下几个方面。

（一）BIM 技术在装配式住宅施工中的信息桥梁作用

BIM 技术的信息桥梁作用可以促进实际施工的顺利进行，设计者可以先通过 BIM 技术来对预制构件的各种信息进行设计，然后通过创建建筑模型来验证预制构件的设计数值是否符合实际需求。在设计师进行设计时主要是从自己的专业角度来进行设计，但是将其设计方案导入 BIM 系统中时，会因为与建筑模型不相符而需要进行有目的的修改。不仅如此，BIM 技术还为多专业的融合提供了平台，进而使预制构件的设计方案更加完善和具有充分的可行性；在 BIM 技术中包含多种类型的软件，如 Revit 软件主要是用于模型的建立，RFID 技术的使用是为预制构件创立独立身份，其各种信息可以通过特定的电子标签显示出来，不仅如此，该电子标签受控于 BIM 管理平台，当预制构件从工厂运输到施工地点之后，其信息就会通过管理人员的终端扫描而发生相应的改变。BIM 技术的优势在于可以实现分段统计，如预制构件在不同阶段的信息与其实际情况是相符的，所在进行分段统计时会以某个阶段的特点为区分标志，当预制构件在生产阶段时，BIM 技术对其的统计主要集中于具体生产环节、存储条件以及运输计划等方面；而当预制构件进入施工阶段后，其信息的集中点就会转化为预制构件的安装以及预制构件与其他构件的节点连接方式。使用 BIM 技术可以对预制构件的设计、生产、安装以及维护进行模拟，进而通过更加直观的方式来让设计人员、生产人员、施工人员以及维修人员了解预制构件的处理方式。例如，在施工过程中，施工人员可以通过 BIM 技术来了解预制构件内部的钢筋、机电管线等的排列顺序，进而有利于在进行钢筋绑扎、灌浆等操作时可以有效避免对预制构件的损坏；在生产过程中，生产人员需要与施工方的预制构件方案设计者进行沟通，进而确定预制构件的生产方式，但仅仅按照二维图纸是很难达到高效生产的目的，这样不仅对预制构件的生产质量造成影响，而且还会延误施工进程，造成施工项目的延期交工。但是 BIM

技术的使用，可以让生产人员准确按照设计者的设计意图来进行生产，而且在实际情况发生变化时，生产人员也可以及时通过 BIM 管理平台获得最新的设计信息，这对生产过程有很大的促进作用。从生产方来分析，预制构件的生产环节也可以通过 BIM 技术来实现监督管理，生产人员可以通过 RFID 技术标记具体的生产环节，然后通过 BIM 管理系统对传入的信息进行处理，进而将处理结果反馈给生产人员，以便于其进行调整而使生产结果符合设计需要。综上所述，BIM 技术的桥梁作用在预制构件的整个过程中得到了充分发挥，但这只是其中一个层面，除了预制构件外，施工过程中还包含多种可以通过 BIM 技术进行提高和发展的环节，而且 BIM 技术的应用会从具体的环节发展到整个建筑系统中。

（二）BIM 技术在装配式住宅安装中的质量管理

BIM 技术的使用可以提升装配式住宅中的质量管理，主要表现在以下几个方面：第一，BIM 技术在住宅设计方案中具有重要作用，装配式建筑模式在目前处于高度发展的状态，但是有学者提出这种装配模式可能会在质量方面存在问题，但是 BIM 技术的使用可以在住宅方案的设计中发挥重要作用，并且可以通过建立模型和模拟方案进程来验证设计方案的可行性。在传统设计方式中，设计方案的设计过程比较分散，各个专业的设计师会从本专业角度来进行设计，这样就会导致设计方案在实际运行时存在多种冲突。第二，BIM 技术的应用能够提升质量管理效率。在传统的施工项目中，信息的传播与表达主要是通过纸质方式来实现的，但是随着信息数量的不断增多，就会造成这种方式难以满足实际需要而出现"信息孤岛"的负面现象。这主要是因为在装配式建筑中预制构件的各种信息包括位置、尺寸等都需要达到较高的精度，如果仅仅使用图纸进行信息的传递，不仅会在查找信息时充满困难，而且由于纸质途径在信息的表现方式上比较单一，会影响建筑项目质量管理的进程。而通过 BIM 技术则可以构件出数字化的信息模型，这种模型可以实现三维可视化，进而让人们对其中的信息更加了解，不仅如此，这样的三维模型也有利于后续施工过程中的预制构件安装等工序的展开，从而避免因施工人员对安装过程不够了解而给人身安全以及建筑质量带来隐患。同时使用 BIM 技术还能够实现设计、管理的高度协同化，并且能够建立专项的信息管理与传递平台，进而使相关信息得到便捷的传递以提升质量管理的效率。第三，利用 BIM 技术可以使质量责任追溯更加明确。在装配式建筑的施工过程中，可以使用 BIM 技术对这一过程中使用的物料、构件等质量信息进行管理，并且使用 RFID 扫描器来对施工现场的各种配件进行扫描，进一步了解这些配件的质量信息。当然这些产品需要在出厂时通过 RFID 技术来创立电子标签，这样才能使其信息被 BIM 管理系统所识别。如果产品存在质量问题，可以迅速通过 BIM 平台找到生产厂家，但如果是在安装过程中或者安装完毕后发现存在问题，则需要将安装过程的信息进行提取，以判定安装过程中是否存在违规操作现象，这样不仅能找到责任方，而且还能根据对具体环节的分析采取对应的处理措施。第四，使用 BIM 技术可以实现施工现场质量管理的有效控制。在施工过程中，现场的监督管理人员可以将其中存在的问题加以记录，并通过相关渠道导入 BIM 管理系统中，然后就可以通过具体的 BIM 模型来查看所出现问题的具体位置以及程度大小，进而分析出现此问题的原因，如果是由于施工程序的不当引起，则可以通过改善施工程序来避免此类问题继续出现。第五，利用 BIM 技术有利于施工方对工程质量进行监督管理。在实际的施工项目中，会由于施工承包方管理多个分属施工单位而造成工程质量监管不严的情况，而利用 BIM 技术则可以通过建立质量管理平台的方式来对各分属施工单位进行管理，这样不仅降低了施工承包方的管理难度，而且也能提高装配建筑的总体质量。

（三）BIM 技术对装配式建筑中流程管理的改进

在装配式建筑过程中包含设计流程管理、生产流程管理以及施工流程管理，以下主要对这三个方面进行论述。BIM 技术的使用改变了传统设计流程中的很多弊端，进而达到以下效果，首先，BIM 技术的使用促进了"质量意识"的发展，使设计人员在进行具体设计时从提升设计方案的质量为出发点进行设计。在方案设计中，设计人员与管理人员必须端正设计态度，明确设计方案在施工过程中的重要性，具体到管理环节则可以通过建立相关管理制度来对设计人员进行约束。其次，设计过程中必须制定具体的设计标准，如在对预制构件的设计中，设计人员必须清楚 BIM 设计的相关的规范标准，而不能仅依靠自身的理解来进行设计。再次，设计流程中必须有相应的监督管理，这一监督范围不仅包括对设计人员的监督，而且也包括设计方案的审查过程。BIM 技术不仅可以用在方案设计中，还可以通过建立监督平台来提升监督工作的实际效率。最后，BIM 技术可以促进设计过程更加科学化，因为 BIM 系统具备建模功能，这一功能不仅可以将设计方案转化为更加直观的内容而进行呈现，而且还能在模拟过程中验证设计方案是否可行，这对设计方案的科学性提供了保障。在生产流程中，生产管理人员可以通过 BIM 技术实现生产过程的监督，并且该 BIM 系统与施工方所提供的设计方案相互联系，这样可以在出现生产故障或者与设计方案不相符时及时通知生产管理人员进行调整。生产流程管理还包括预制构件的存放、运输等过程，在传统的生产模式中，产品的质量只有等到实际安装中才会发现问题，而 BIM 技术的使用使预制构件的质量处于全程监控之中，如果哪个环节出现了问题则可以立马被相关管理人员所掌握。除了质量问题外，生产流程中的运输环节也会因为某些因素的影响而造成延迟交货，这对施工进度会造成一定的影响，而使用 BIM 技术则可以及时了解到这一情况，进而制定有效措施来将这一变化产生的负面效果降到最低。在施工流程中包括多项施工工序，并且每项工序都有其重要作用，但是在传统的施工流程管理中却通常出现施工人员根据自己的施工经验擅自改变施工工序的情况，而在 BIM 技术使用后，这一情况的出现逐渐减少，主要原因在于通过 BIM 技术可以设计出合理可行的施工流程，并且每道流程都能通过直观可视的方式进行呈现，这样可以让每个施工人员都详细、准确地了解到施工工序，进而促进了施工效率的提升。不仅如此，使用 BIM 技术还能对一些传统工序进行模拟，从而决定其是否需要进行完善和改变，这也有利于传统工序的进一步发展与革新。

二、BIM 技术在装配式建筑中因公的相关影响因素

在装配式建筑工程管理中，BIM 技术的引用和其他类型建筑一样都存在一些影响因素，下面我们来具体对装配式建筑工程管理应用 BIM 技术相关的影响因素进行分析。

首先，人才短缺的影响。当前，国内很多从事装配式建筑建造的建筑企业都对 BIM 技术非常关注，希望能够通过 BIM 技术来提升企业的生产能力和生产效率，并降低自己的成本，获取到更多的经济利润。但是，从目前的实际情况来看，大部分建筑企业都没有在自身内部对 BIM 技术人才进行培养。BIM 技术在建筑行业中的应用，对于企业来说，企业必须拥有自身的专业团队才能更好地应用 BIM 技术，但目前的实际情况是，建筑企业内部并没有足够的员工掌握了 BIM 技术，尤其在装配式建筑企业中，这样的人才更加少见。事实上，装配式建筑在建筑行业中就是一种新技术，大部分企业对于装配式建筑工程项目的生产还处于初级的摸索阶段，因此，这种既了解装配式建筑的建设过程，又能够掌握 BIM 技术的复合型人才十分少见。除此之外，BIM 技术的最大优点就是能够对建筑信息进行集成、整合，实现全面掌握以及全面利用，所以在装配式建筑工程项目中要想取得良好的应用效果，不仅建筑企业要培养这样的复合型人才，其他单位，如设计单位、管理单位等也需要这样的复合型人才。总之，从目前来看，这种 BIM 技术人才在我国十分短缺。

其次，动力缺乏的影响。目前，我国的大部分建筑企业确实已经认识到了 BIM 技术在建筑行业中的巨大应用价值，其能为企业带来十分可观的经济利益，但是由于前期应用 BIM 技术需要投入大量的人力、财力以及物力，尤其是在人才培养方面更要投入大量的时间和精力，因此大部分企业对于 BIM 技术的应用仍然处于观望的状态。在当前的建筑工程项目管理中，大部分还是采用传统的管理模式，对于装配式建筑来说更是如此，并且地方政府对于 BIM 技术应用的推广力度也不足够。再加上由于对 BIM 技术的不熟悉，使大部分业主方也不会要求必须应用 BIM 技术在工程项目管理中。另外，建筑企业想要应用 BIM 技术就必须购买相对应的软件以及对相关的基础设施、硬件配置等进行改造和升级，除此之外还要培养或者招聘相关的技术人才等，这些都需要企业在前期投入大量的精力、时间以及资金，对于一些中小建筑企业来说是难以承受的，对于那些大型建筑企业来说，这也是一笔不小的支出。总的来说，由于对 BIM 技术的了解不够深刻以及应用 BIM 技术的成本较高，这让许多建筑企业认为应用 BIM 技术得不偿失，最终失去了应用的动力。

最后，操作软件不成熟的影响。目前，我国 BIM 技术在装配式住宅的应用尚处于初级摸索阶段，BIM 技术的操作平台软件还有很多技术方面的问题没有得到解决。当前，一部分企业应用 BIM 技术主要购买的是国外的相关软件，但国外的 BIM 技术软件是根据自身建筑行业的实际情况来进行开发的，不符合我国的国情，所以使用起来存在很多的不便。与国外相比，我国的软件开发公司虽然对我国建筑行业的情况、行业规范等方面的内容都十分了解，但是在软件开发能力上远远不如国外的软件开发公司，如软件的操作性、稳定性以及便捷性等都与国外软件有着较大的差距。

第六章 结 语

从目前来看，我国建筑行业的发展遭遇到了困境，而 BIM 技术作为建筑工程项目中的一种新型技术，对我国建筑行业的发展有着重要的作用。在传统的建筑工程项目管理过程中，由于信息传递问题、信息共享问题、资料共享问题、沟通协作问题以及施工冲突问题等，使我国建筑工程项目管理的效果和质量提升一直处于停滞不前的状态中。而 BIM 技术在建筑工程项目管理中的应用能够有效地解决这些问题，前述内容针对 BIM 技术在建筑工程项目管理中的应用展开论述，得出了以下的结论：

首先，本书认为，BIM 技术之所以能够在全世界建筑市场之内占据一定位置，形成一种发展趋势，这与 BIM 技术自身的巨大优势有着不可分割的关联。总之，从整体上来说，BIM 技术相较于传统的方式具备有可视化优势、信息共享优势、分享化解优势、参数化建模优势等多种优势。其中，BIM 技术的风险化解优势是指通过 BIM 技术，可以建立能更加直观地展现出建筑工程项目的模型，使建筑工程项目的设计的精度得到了极大提升，安全管理人员能通过该模型预先掌控安全风险因素的存在，并及时做出应对。BIM 技术的可视化优势是指通过 BIM 技术利用三维方式建立模型呈现出建筑的特点，在模型中不仅能进行缩小和放大，还能进行旋转、修成以及完善，这种与传统的二维图纸方法相比较，具有巨大的优势。BIM 技术的信息共享优势是指通过 BIM 技术建立信息模型将所有的建筑工程项目的信息输入模型中去，与传统方式相比较，BIM 技术能存储大量的信息，并且还能实现信息的随时调用以及信息共享，同时还能在建筑工程项目设计的初期就保留下各种相关信息，并且能和后续的施工、运营等阶段的信息进行集成和整合。

其次，本书经过研究认为，BIM 技术在建筑工程项目管理中的应用，需要将思维、理念、时空、模型以及信息等方面融合在一起，只有这样才能实现整体的管理和控制。无论是设计阶段的应用，还是在施工阶段以及运营维护阶段的应用，都需要通过各个元素的融合才能实现完善的建筑工程项目管理，从而提升整个建筑工程项目管理的效率和质量。另外，对于建筑工程项目中需要进行改进的问题，也能借助 BIM 技术实现对模型的直接修改和二次呈现，甚至产生最好的、最优的建筑工程项目管理方案。事实上，在建筑工程项目管理中应用BIM 技术，是空间模拟和思维模拟的结合，是建筑工程项目中所有信息的整合。一般来说，建筑工程项目管理中应用 BIM 技术主要需要经历三个步骤：一是创建建筑工程项目的 4D 或者 5D 的管理信息模型；二是要对建筑工程项目管理的信息实行集成和整合；三是建立起4D 或者 5D 的建筑工程项目模型管理系统。

再次，本书对 BIM 技术在建筑工程项目管理中应用进行十分深入研究，指出了应用 BIM 技术可以对建筑工程项目进行碰撞检测，通过虚拟模拟的方式，对建筑工程项目的建设方案进行优化，从而使建筑工程项目中的资源得到有效合理的利用，减少了由于碰撞问题引发的工期延误、资源浪费以及安全事故的情况。如在施工阶段，通过BIM 技术的模拟功能对施工场地进行预先模拟，对其中发现的存在安全隐患的地方做到及时发现和解决。另外，借助 BIM 技术的可视化功能能够将整个建筑工程项目中的信息变得可见和可控制，帮助每一个阶段的管理人员能对自己所需要的信息有直接的了解。

最后，本书通过对具体的案例进行了分析，解析了 BIM 技术在建筑工程项目安全管理中的应用以及在装配式建筑中的应用，对其中BIM 技术的工程价值、具体应用、应用优势以及相关的应用影响因素进行了细致的分析，并论述应该如何避免这些因素的影响。

参 考 文 献

［1］包慧慧，李萍．探讨 BIM 技术在建筑工程施工管理中的应用［J］．建材与装饰，2018（26）：195．

［2］包毅．BIM 在建筑工程管理中的应用研究［J］．江西建材，2018（14）：40－42．

［3］毕波．BIM 技术在空管建设工程管理中的应用探讨［J］．空运商务，2018（11）：60－64．

［4］毕浩东．BIM 技术在工业建筑施工管理中的应用研究［J］．居舍，2018（24）：177．

［5］卞广红．浅析现代建筑工程管理模式及技术应用［J］．城市建设理论研究（电子版），2018（11）：43．

［6］曹梦琳．BIM 技术在舟山某码头工程造价中的应用研究［D］．浙江海洋大学，2018．

［7］曹姗姗．BIM 技术在建筑施工管理的运用［J］．建材与装饰，2018（16）：198．

［8］车子政．BIM 技术提高建筑工程管理效率的有效途径研究［J］．住宅与房地产，2018（21）：157．

［9］陈春燕．基于 BIM 技术的应用型工程管理专业课程体系构建［J］．建材与装饰，2018（39）：205－206．

［10］陈丹．谈 BIM 技术工程项目全生命周期造价管理［J］．居舍，2019（4）：141．

［11］陈丽娟，谢雄．BIM 在工程管理专业本科毕业论文（设计）

选题中的探索与实践 [J]. 教育观察，2018，7（17）：136 - 138.

[12] 陈亮. BIM 技术在工程管理中的应用探讨 [J]. 财经界（学术版），2019（3）：64.

[13] 陈群. BIM 技术在高速公路工程建设中的应用 [J]. 河南建材，2018（5）：391 - 392.

[14] 陈士辉，李晓阳，郭维. BIM 对工程项目管理的影响及应用障碍思考 [J]. 居舍，2019（3）：133.

[15] 陈宣东. 基于 BIM 大背景下工程管理专业教学改革——以桂林理工大学工程管理 BIM 教学改革为例 [J]. 科教文汇（上旬刊），2018（7）：70 - 71.

[16] 陈阳. 基于 BIM + GIS 技术的铁路桥梁工程管理应用研究 [J]. 住宅与房地产，2018（25）：118.

[17] 陈正磊. BIM 时代计算机信息技术在建筑工程管理中的应用 [J]. 山东农业工程学院学报，2018，35（4）：38 - 39，41.

[18] 初玉婷. BIM 技术在建筑工程施工管理中的实践 [J]. 山东工业技术，2018（12）：104.

[19] 崔丽娟. BIM 在工程造价领域的应用分析 [J]. 山西建筑，2018，44（32）：232 - 233.

[20] 崔庆宏，王广斌，刘潇，曹冬平，路浩. 2008—2017 年国内 BIM 技术研究热点与演进趋势 [J]. 科技管理研究，2019（4）：197 - 205.

[21] 崔晓铭. 基于 BIM 技术下建设工程监理精细化管理的思考 [J]. 建材与装饰，2018（31）：170 - 171.

[22] 邓昌丽. BIM 技术条件下施工阶段的工程项目管理 [J]. 工程技术研究，2018（9）：166 - 167.

[23] 丁奕之，吴俊. 基于 BIM 的工程管理专业理论课程与实践教学创新研究 [J]. 河南建材，2018（6）：104 - 105.

[24] 董昆. BIM 技术在建设工程项目施工质量控制的应用研究

［D］. 北京邮电大学，2018.

［25］董涛. BIM 技术在建筑工程施工管理中的应用探索［J］. 城市建设理论研究（电子版），2018（14）：25.

［26］杜鹏. BIM 技术在 EPC 模式中的应用［D］. 太原理工大学，2018.

［27］杜一凡. BIM 技术在建筑工程施工进度预测与管理中的应用研究［J］. 住宅与房地产，2018（19）：205.

［28］杜运友. 关于 BIM 技术在建筑工程施工管理中的应用研究［J］. 建材与装饰，2018（34）：175－176.

［29］范波. 卷烟厂建设中的 BIM 技术的应用［J］. 绿色环保建材，2018（11）：152－154.

［30］范美玲. BIM 关键技术及其在公路工程造价管理中的应用［J］. 交通世界，2018（26）：157－158.

［31］方平. BIM 技术在建筑工程造价管理中的应用［J］. 城市建设理论研究（电子版），2018（16）：39.

［32］冯晓丹. BIM 在装配式建筑成本管理中的应用［J］. 居舍，2018（32）：118－189.

［33］冯杨杰. 基于 BIM 技术的建筑工程造价管理模式研究［J］. 城市建设理论研究（电子版），2018（14）：47.

［34］冯昱夫. BIM 技术在建筑工程项目施工中的应用［J］. 四川建材，2018，44（8）：216－222.

［35］付刚. BIM 技术在交通土建工程管理中的应用［J］. 城市建设理论研究（电子版），2018（15）：34.

［36］付坤，黄海燕. 计算机电子信息技术工程管理与应用探讨［J］. 信息与电脑（理论版），2018（17）：3－4，7.

［37］盖丽. 基于 BIM 技术的建筑施工安全管理研究［D］. 青岛大学，2018.

［38］高卫红. 建筑工程管理中 BIM 技术的应用［J］. 山西建

筑，2018，44（18）：222 - 223.

[39] 高震，毕建静 . BIM 技术在施工精细化管理中的应用 [J].
现代物业（中旬刊），2018（10）：138 - 139.

[40] 谷子 . BIM 技术的应用现状研究 [J]. 住宅与房地产，
2018（19）：255.

[41] 顾金福，李镇，蒋凤昌，姜荣斌，吴友方 . 工程设计与工
程管理中 BIM 技术现状与应用价值研究 [J]. 江苏科技信息，2019，
36（2）：35 - 37.

[42] 郭凯 . 基于 BIM 技术的工程管理应用的施工计划构成方案
[J]. 科技创新与应用，2018（30）：193 - 194.

[43] 郭淞舍 . BIM 在建筑工程管理中的应用方法 [J]. 建材与
装饰，2018（33）：144 - 145.

[44] 郭旭 . BIM 在建设工程项目管理的应用探究 [J]. 建材与
装饰，2018（30）：215.

[45] 韩莹，李楠楠 . BIM 技术在工程造价管理中的应用研
究——以上海胸科医院新建科教综合楼为例 [J]. 居舍，2019（4）：
143 - 144.

[46] 韩宇杰，赵利军，张娜，曹建军 . 基于 BIM 数据库的建立
及应用 [J]. 住宅与房地产，2018（31）：149.

[47] 禾海亮 . 浅谈基于 BIM 的建设工程造价管理 [J]. 居舍，
2018（23）：185.

[48] 何柳萍 . BIM 技术在白石洞隧洞运维管理的应用分析 [J].
吉林水利，2018（8）：31 - 34.

[49] 何学源，李益，任林丽，高健，王晓娟 . 基于 BIM 技术的
堤防工程信息系统建设 [J]. 江苏水利，2018（9）：47 - 52.

[50] 何源国 . BIM 技术在建筑工程信息管理中的运用 [J]. 居
舍，2018（34）：36 - 50.

[51] 洪军 . 基于 BIM 技术的悬臂浇筑连续梁 0 号块优化设计研

究——以浦梅铁路九龙溪大桥为例 [J]. 建材与装饰, 2018（32）: 268 - 270.

[52] 胡丹红. 基于斯维尔软件的工程造价管理 BIM 技术研究 [J]. 长春工程学院学报（自然科学版）, 2018, 19（3）: 82 - 85.

[53] 胡婧. BIM 在建筑工程管理中的应用分析 [J]. 住宅与房地产, 2018（24）: 154.

[54] 胡敏华. 工程管理信息化与 BIM 技术应用 [J]. 居舍, 2019（2）: 36.

[55] 胡瑛, 张锋. 建筑全生命周期管理中 BIM 技术的应用 [J]. 中外建筑, 2018（10）: 171 - 173.

[56] 户万涛. 探讨建筑工程管理创新及绿色施工管理 [J]. 绿色环保建材, 2018（4）: 205.

[57] 黄宝强. BIM 技术下谈提高建筑工程管理效率的有效对策 [J]. 建材与装饰, 2018（26）: 167 - 168.

[58] 黄达, 陈宣东, 戴成元, 刘光焰. 工程管理专业基于 BIM 课程体系的改革与实践 [J]. 教育观察, 2018, 7（21）: 87 - 90.

[59] 黄达, 孟艳, 赵文溪. BIM 技术在建筑工程造价管理中的应用研究 [J]. 居舍, 2018（10）: 117.

[60] 黄凤祥. BIM 在建筑工程管理工作中的具体应用 [J]. 建筑设计管理, 2018, 35（10）: 95 - 96.

[61] 黄丽彬. BIM 技术在交通土建工程管理中的应用 [J]. 建材与装饰, 2018（43）: 265 - 266.

[62] 黄婷. 基于计量可视化的我国工程管理研究 [J]. 建材与装饰, 2018（52）: 119 - 120.

[63] 黄小琴, 陈圣宁, 赵立方. 应用型工程管理专业《工程招投标与合同管理》课程教学改革探讨 [J]. 现代商贸工业, 2019, 40（8）: 207 - 208.

[64] 黄亚江, 王浩天, 关秋平, 陈芳, 梁云, 商如斌. 基于

CDIO 的 "BIM 创新实践工作坊" 工程教育体系设计研究 [J]. 未来与发展, 2019 (3): 85 - 90.

[65] 黄怡颖. BIM 在建筑工程管理中的应用 [J]. 住宅与房地产, 2018 (27): 128.

[66] 吉剑. BIM 技术在工程全过程造价管理中的应用 [J]. 居舍, 2018 (30): 131.

[67] 江伏香. 论 BIM 技术在预制装配式建筑中的数据化进度管理 [J]. 居舍, 2018 (19): 157 - 158.

[68] 江雨钊. BIM 在建筑工程管理中的应用 [J]. 住宅与房地产, 2018 (27): 124.

[69] 姜海莹. BIM 技术融入工程管理专业的障碍研究 [J]. 工程经济, 2018, 28 (5): 55 - 59.

[70] 姜忠雪. BIM 技术在建筑工程施工管理中的应用探索 [J]. 民营科技, 2018 (12): 265.

[71] 蒋斌夏. BIM 技术在土木工程施工管理中的应用 [J]. 城市建设理论研究 (电子版), 2018 (26): 161.

[72] 焦新颖. BIM 技术在建筑工程造价管理中的应用分析 [J]. 中小企业管理与科技 (上旬刊), 2018 (11): 163 - 164.

[73] 鞠滕莹子. 浅析计算机电子信息技术工程管理与应用 [J]. 中国高新区, 2018 (7): 217.

[74] 康金涛, 苏凯, 翟栋明. BIM 技术在施工管理中的应用 [J]. 现代物业 (中旬刊), 2018 (5): 126 - 127.

[75] 旷聿涵. BIM 技术在工程管理中应用研究 [D]. 南昌航空大学, 2018.

[76] 黎木伙. 浅谈 BIM 在建筑工程管理中的应用 [J]. 建材与装饰, 2018 (34): 156 - 157.

[77] 黎生南. 浅析 BIM 技术在建筑结构教学中的应用 [J]. 河南建材, 2019 (1): 2 - 3.

［78］李奥蕾．BIM 技术应用的效益及影响因素研究［D］．华侨大学，2018.

［79］李宾皅，高岩，王晓波，梁军风．"互联网＋"技术在输变电工程管理中的研究与应用［J］．电气技术，2018，19（7）：87－92.

［80］李乖娥．浅谈 BIM 在建设工程项目管理的应用建议［J］．城市建设理论研究（电子版），2018（27）：94.

［81］李国威．BIM 技术在高速公路工程施工中的应用［J］．交通世界，2019（Z2）：252－253.

［82］李怀坤，李晓萌，官彦入，李华，高磊．浅谈 BIM 技术在工程变更管理中的应用［J］．价值工程，2018，37（10）：163－165.

［83］李建亭．分析 BIM 技术在工程管理中的应用［J］．工程建设与设计，2018（10）：275－276.

［84］李姣姣．基于 BIM 的工程管理专业人才培养模式研究［J］．现代商贸工业，2018，39（32）：111－112.

［85］李静．BIM 技术在建筑施工安全管理中的应用研究［J］．现代物业（中旬刊），2018（9）：165.

［86］李焜发．BIM 技术于建筑工程造价管理之探讨［A］．Science and Engineering Research Center. Proceedings of 2018 2nd International Conference on Advances in Management Science and Engineering（AMSE 2018）［C］．Science and Engineering Research Center：Science and Engineering Research Center，2018：4.

［87］李乐佳，王赟钫．BIM 技术在现代建筑工程项目管理中的应用［J］．住宅与房地产，2018（30）：113.

［88］李龙．基于 BIM 的铁路工程管理平台建设与展望［J］．电子技术与软件工程，2018（17）：165－166.

［89］李树林．BIM 技术在施工管理中的发展与应用分析［J］．四川水泥，2018（4）：219－220.

[90] 李涛, 王继果, 张峰. BIM 技术在项目管理中的作用 [J]. 产业创新研究, 2018 (10): 60 - 61.

[91] 李伟. 关于建筑工程管理中 BIM 的有效运用分析 [J]. 中小企业管理与科技 (下旬刊), 2018 (9): 13 - 14.

[92] 李晓蓓. BIM 技术在工程管理与施工成本控制中的应用 [J]. 工程建设与设计, 2018 (22): 235 - 236.

[93] 李晓娟, 刘科, 赖芨宇. 基于 BIM 的工程管理专业教学改革研究 [J]. 牡丹江大学学报, 2018, 27 (8): 125 - 128.

[94] 李新鹏. 关于信息技术工程管理路径的具体分析 [J]. 中国高新区, 2018 (7): 226.

[95] 李亚莉. BIM 技术在工程管理中的应用 [J]. 住宅与房地产, 2018 (15): 168.

[96] 李艳慧. 应用型本科工程管理专业 BIM 技术推广平台构建 [J]. 现代物业 (中旬刊), 2018 (5): 266.

[97] 李燕, 沈惠. 高校工程管理专业 BIM 教学改革探索 [J]. 建材与装饰, 2018 (16): 196.

[98] 李扬. 探讨 BIM 在建筑工程造价管理中的应用 [J]. 现代物业 (中旬刊), 2018 (9): 116.

[99] 李杨, 张丹宇. 基于 BIM 技术的项目工程进度管理 [J]. 四川建材, 2018, 44 (5): 208 - 209.

[100] 李一鸣. BIM 技术在现代建筑工程项目管理中的应用探析 [J]. 住宅与房地产, 2018 (28): 128.

[101] 李源慈. 楼宇自动化管理中 BIM 技术的运用探析 [J]. 四川水泥, 2018 (8): 204.

[102] 李志国. BIM 技术在公路桥梁施工管理中的应用 [J]. 交通世界, 2019 (Z2): 244 - 245.

[103] 李志军. BIM 技术在建筑工程施工管理中的应用探索 [J]. 绿色环保建材, 2018 (4): 196.

[104] 李子亮. 建筑工程管理在房地产项目建设中的应用 [J]. 绿色环保建材, 2019 (2): 207-210.

[105] 梁鹿鸣, 卢辉. 工程建设管理行业中的 BIM 技术应用分析 [J]. 科技风, 2018 (26): 109-112.

[106] 梁鹿鸣. 基于 BIM 技术的绿色建筑施工管理探究 [J]. 河南建材, 2018 (5): 219-220.

[107] 梁莎莎. BIM 技术在建筑工程管理中的应用分析 [J]. 科技资讯, 2018, 16 (16): 53-54.

[108] 梁哨. BIM 技术融入高校工程造价教学的思考 [J]. 科技经济导刊, 2018, 26 (28): 160-161.

[109] 梁婷, 姜艺雯, 王攀, 徐丽娇, 杨益. 信息化在建筑工程管理中的应用分析 [J]. 中外企业家, 2018 (14): 87.

[110] 梁逍. BIM 技术在装饰施工管理的应用探讨 [J]. 四川水泥, 2018 (10): 194.

[111] 林继国. 建筑设计中 BIM 技术的应用 [J]. 建材与装饰, 2018 (18): 97-98.

[112] 林秋滨. BIM 技术在工程造价管理中的应用探究 [J]. 安徽建筑, 2018, 24 (4): 56-57.

[113] 刘彬. BIM 技术在高速铁路斜拉桥施工中的应用 [J]. 建筑安全, 2019, 34 (1): 27-29.

[114] 刘长安. BIM 技术在工程项目协同管理中的应用研究 [J]. 居业, 2019 (2): 36-37.

[115] 刘光雷. 基于 "互联网 +" BIM 技术的建筑工程施工管理研究 [J]. 居舍, 2018 (19): 150.

[116] 刘广省, 朱爱青. 建筑工程管理在房地产项目建设中的运用 [J]. 建材与装饰, 2018 (23): 126-127.

[117] 刘海哲. BIM 在建筑工程管理中的应用 [J]. 居舍, 2018 (29): 42.

[118] 刘恒. BIM 技术在建筑工程管理中的应用及推广 [J]. 江苏建材, 2018 (3): 59 - 61.

[119] 刘丽敏. 建筑工程质量管理中 BIM 技术的应用分析 [J]. 居舍, 2019 (5): 141.

[120] 刘丽云. 基于 BIM 智能的物业管理体系研究 [J]. 安徽建筑大学学报, 2018, 26 (3): 21 - 25.

[121] 刘巧会. BIM 虚拟施工技术在工程管理中的应用 [J]. 山西建筑, 2018, 44 (24): 250 - 251.

[122] 刘轻鸽. 信息技术在建设工程项目管理中的应用 [J]. 低碳世界, 2019, 9 (2): 149 - 150.

[123] 刘韬, 吴勇平. BIM 技术在桥梁施工中的运用 [J]. 居舍, 2019 (3): 65 - 66.

[124] 刘炜. BIM 在建筑工程管理中的应用 [J]. 绿色环保建材, 2018 (11): 179 - 182.

[125] 刘文涛. 基于 BIM 的建筑工程管理应用 [J]. 南方农机, 2018, 49 (16): 155.

[126] 刘潇彬. 工程造价管理中 BIM 的应用 [J]. 居舍, 2018 (21): 157.

[127] 刘勇. BIM 在建筑工程管理中的应用研究 [J]. 四川水泥, 2018 (8): 217.

[128] 刘媛. 浅析 BIM 技术在建设工程管理专业课程体系中的应用 [J]. 绿色环保建材, 2018 (5): 218.

[129] 刘志军. BIM 技术在建筑企业施工管理当中的应用 [J]. 绿色环保建材, 2018 (8): 167 - 169.

[130] 刘志忠, 彭霞锋. 基于 BIM 技术的数字化施工管理平台研究 [J]. 建材与装饰, 2018 (33): 295.

[131] 陆景浩. 建筑工程造价中存在的问题 [J]. 城市建设理论研究 (电子版), 2018 (10): 42.

[132] 陆媛. BIM 技术在工程造价算量软件中的应用 [J]. 建材与装饰, 2018 (33): 192.

[133] 吕珊琳, 张荣芳. 分析建筑工程建设管理中 BIM 技术的应用 [J]. 建材与装饰, 2018 (45): 154-155.

[134] 罗洁. BIM 技术、物联网技术与建筑工程管理的结合趋势探索 [J]. 绿色环保建材, 2018 (6): 172-173.

[135] 罗显圣. BIM 在建筑工程管理中的应用解析 [J]. 居舍, 2019 (8): 134-138.

[136] 马金宝, 王韶东. 基于 BIM 技术的机电工程项目成本管理 [J]. 四川水泥, 2018 (4): 195-196.

[137] 马利英. BIM 技术在建筑设备安装工程中的应用研究 [J]. 居业, 2019 (2): 75.

[138] 马翔. BIM 技术在机场航站楼建设工程管理中的应用 [J]. 住宅与房地产, 2018 (25): 114.

[139] 马小珊, 刘兴旺. 试论当前我国建筑工程管理的现状及创新 [J]. 居业, 2018 (9): 146-147.

[140] 马小珊, 张智明. 影响工程管理的主要因素及对策分析 [J]. 居业, 2018 (10): 159-160.

[141] 么文静, 霍光辉, 张凯, 郝学潮. BIM 专利技术综述 [J]. 土木建筑工程信息技术, 2018, 10 (4): 95-99.

[142] 米佳, 方云成, 徐飞, 徐思静, 冯震, 刘杰. BIM 在工程管理专业实践教学中作用的研究 [J]. 居舍, 2018 (22): 94-170.

[143] 米笑丽, 田玉喜. 我国 BIM 技术的合同管理体系初步研究 [J]. 现代经济信息, 2018 (13): 124.

[144] 明艳丽, 郭莉, 李醒春. 基于 BIM 的基坑工程施工方案优化 [J]. 城市建设理论研究 (电子版), 2018 (19): 42.

[145] 莫志凡. 广西 GT 工程咨询公司发展战略研究 [D]. 广西大学, 2018.

[146] 聂春龙，汪萍萍，刘雪洋，廖光亮．基于 BIM 技术的工程精细化管理实例研究［J］．项目管理技术，2019，17（2）：81－85.

[147] 欧阳焜．新型 BIM 技术在学校教学楼工程建设管理的应用分析［J］．科技创新导报，2018，15（20）：178－180.

[148] 潘轲通．基于 BIM 软件运用的工程项目管理研究［J］．居舍，2018（18）：147.

[149] 彭莉妮．探索 BIM 技术与装配式建筑的深度融合［J］．住宅与房地产，2018（28）：181.

[150] 戚若男．基于 BIM 的工程造价管理研究［J］．居舍，2018（31）：142.

[151] 齐宝库，魏思宇，商成城，刘泽鑫．BIM 技术在工程管理中的应用研究［J］．施工技术，2018，47（S1）：1531－1534.

[152] 钱炜兴．BIM 技术在建筑设计、项目施工及管理中的应用［J］．建材与装饰，2018（32）：144.

[153] 秦存峰．BIM 技术在建筑工程管理中的应用［J］．居舍，2019（4）：59.

[154] 秦志枫．基于 BIM 技术的建筑工程安全管理研究［J］．居舍，2018（25）：186.

[155] 冉琴琴，张馨，罗光俊，龙运，欧春霞．简析 BIM 技术在建筑工程管理中的应用［J］．居业，2018（11）：181－182.

[156] 饶力．BIM 技术在预制装配式建筑施工中的应用研究［J］．中国住宅设施，2018（8）：126－128.

[157] 任国智．BIM 技术在建筑工程施工管理中的应用探索［J］．智能建筑与智慧城市，2018（4）：67－68.

[158] 任钧．BIM 技术在钢结构中的应用［J］．居舍，2018（16）：61.

[159] 任士跃．BIM 技术在建筑工程施工管理中的应用探索［J］.

科学技术创新，2018（25）：114－115.

[160] 任晓宇，张大富，郑兆青．基于 BIM 技术工程管理专业"新工科"升级改造路径研究 [J]．建筑技术，2018，49（12）：1335－1337.

[161] 邵波．基于 BIM 技术提高建筑工程管理效率的有效途径 [J]．居舍，2018（32）：109.

[162] 邵艳，丁璁．公路工程建设阶段 BIM 技术实施探索 [J]．中外公路，2018，38（6）：327－331.

[163] 沈雯．基于 BIM 技术的施工阶段成本控制管理 [J]．居舍，2018（35）：124.

[164] 史作久．基于 BIM 的建筑工程管理优化举措分析 [J]．科技风，2018（21）：110.

[165] 宋爱民，冯禹琪，吕俊，贺智伟．BIM 在装配式建筑中应用与管理 [J]．工程技术研究，2018（9）：186－194.

[166] 宋冰，卞佳，张岩．BIM 技术在海外悬索桥施工中的应用 [J]．公路交通科技，2018，35（S1）：22－28.

[167] 宋文博．BIM 技术在建设施工项目中的应用研究 [D]．吉林建筑大学，2018.

[168] 苏耀．对我国 BIM 技术的合同管理体系初步分析 [J]．企业科技与发展，2018（4）：195－196.

[169] 孙鹏．计算机 BIM 技术在供热工程管理中的应用浅析 [J]．信息系统工程，2018（8）：134－135.

[170] 孙绍鑫．基于 BIM 技术的国省道改扩建工程施工成本控制 [J]．居舍，2018（15）：138.

[171] 孙艳．探讨基于 BIM 技术的建筑工程造价管理模式应用 [J]．居舍，2019（3）：156.

[172] 谈思源．利用 BIM 技术推动工程咨询管理服务业转型升级 [J]．中小企业管理与科技（中旬刊），2018（9）：157－158.

[173] 唐莉. 基于工程管理信息化与 BIM 技术应用分析 [J]. 山东工业技术, 2019 (3): 133.

[174] 唐小理, 谢洪涛, 郑俊巍, 陈文滔. 基于 ISM 方法的 BIM 技术应用影响因素研究 [J]. 中国水运 (下半月), 2018, 18 (10): 219 – 221.

[175] 天津水泥工业设计研究院有限公司. BIM 技术在协同设计和工程管理中的创新应用 (上) [N]. 中国建材报, 2018 – 05 – 22 (4).

[176] 田雷. BIM 技术在工程造价管理中的应用 [J]. 建材世界, 2018, 39 (3): 104 – 106.

[177] 田林钢, 王素云, 王福强, 郭光智, 宋婷婷. 我国水利行业 BIM 技术应用现状 [J]. 华北水利水电大学学报 (社会科学版), 2018, 34 (3): 20 – 23.

[178] 童舟. 刍议 BIM 技术在建筑工程管理中的应用 [J]. 现代物业 (中旬刊), 2018 (7): 153.

[179] 拓慧玲. 基于 BIM – 4D 技术工程项目进度优化分析 [J]. 石化技术, 2018, 25 (8): 61.

[180] 王道平. 基于 BIM 技术下的工程管理 [J]. 安徽建筑, 2018, 24 (2): 237 – 238.

[181] 王栋, 苏迎社, 刘娟, 陈昊, 杜伟勃. BIM 技术在小型基建项目中工程造价管理的应用 [J]. 施工技术, 2018, 47 (S1): 1482 – 1484.

[182] 王芳. 公路工程造价控制中的 BIM 技术体现 [J]. 交通世界, 2019 (Z1): 224 – 225.

[183] 王刚. BIM 技术在项目进度控制中的应用探析 [J]. 人力资源管理, 2018 (5): 521.

[184] 王惠娟. BIM 技术在水利工程建设中的应用与拓展研究 [J]. 安徽建筑, 2018, 24 (3): 63 – 64.

[185] 王慧萍. 高职建设工程管理专业人才需求和培养调查分析 [J]. 现代农村科技, 2018 (9): 75 - 76.

[186] 王杰. BIM 技术在工程管理与施工成本控制中的应用价值研究 [J]. 居舍, 2018 (23): 90.

[187] 王伶俐. BIM 技术在工程造价管理中的应用分析 [J]. 现代物业 (中旬刊), 2018 (5): 124.

[188] 王鹏羽. 工程造价管理中的 BIM 技术应用分析 [J]. 城市建设理论研究 (电子版), 2018 (12): 27.

[189] 王庆顺. 计算机电子信息技术工程管理与应用分析 [J]. 科技传播, 2019, 11 (2): 103 - 104.

[190] 王尚荣. 浅论计算机电子信息技术工程管理与应用 [J]. 电脑迷, 2018 (11): 53.

[191] 王文静, 许念勇. 基于 BIM 技术和递进式思想的 "施工组织" 课程设计全过程设计 [J]. 教育教学论坛, 2019 (12): 92 - 93.

[192] 王文利, 陈宏伟, 沈国华. 融合 BIM 技术的高职院校港口工程技术专业课程体系建设 [J/OL]. 武汉交通职业学院学报, 2019 (4): 1 - 5.

[193] 王雯. 基于 BIM 技术的新疆建筑工程安全管理应用研究 [D]. 新疆大学, 2018.

[194] 王易欣. 浅谈 BIM 技术在建筑工程造价上的应用 [J]. 建材与装饰, 2018 (40): 154 - 155.

[195] 王宇辉. B IM 课程在应用型本科工程管理专业的教学探索 [J]. 学周刊, 2019 (12): 16 - 17.

[196] 王雨伯. BIM 技术在建筑工程施工管理中的应用 [J]. 城市建设理论研究 (电子版), 2018 (11): 42.

[197] 王玉芳. 基于 BIM 跨专业毕业综合实训模式探索 [J]. 安徽建筑, 2018, 24 (6): 196 - 198.

[198] 王昭庆. 高校工程管理类专业 BIM 技术人才培养模式探索 [J]. 教育教学论坛, 2019 (13): 181 - 184.

[199] 王志驹. BIM 技术在建筑工程管理中的应用 [J]. 建材与装饰, 2018 (14): 8 - 9.

[200] 王中琴. 建筑工程管理应用 BIM 技术的效率提高方法分析 [J/OL]. 中国建材科技: 1 - 2 [2019 - 04 - 01]. http: //kns. cnki. net/kcms/detail/11. 2931. TU. 20181224. 1822. 028. html.

[201] 王中琴. 建筑工程管理应用 BIM 技术的效率提高方法分析 [J]. 信息记录材料, 2018, 19 (12): 94 - 95.

[202] 王重超. 计算机电子信息技术工程管理与应用分析 [J]. 现代商贸工业, 2018, 39 (17): 197 - 198.

[203] 乌文泽. BIM 技术在建筑工程施工中的应用探讨 [J]. 建材与装饰, 2018 (16): 35.

[204] 吴蓓. BIM 技术在工程管理中的应用价值探析 [J]. 住宅与房地产, 2018 (24): 152.

[205] 吴蓓. 探析 BIM 技术在工程管理与施工成本控制中的应用 [J]. 信息记录材料, 2018, 19 (10): 14 - 15.

[206] 吴崇侠, 温国善. 现阶段建筑工程造价管理中的 BIM 技术应用思考 [J]. 四川水泥, 2018 (4): 224.

[207] 吴虎前. 浅析房屋建筑工程中 BIM 管理理念的应用 [J]. 低碳世界, 2018 (4): 191 - 192.

[208] 吴静. BIM 技术在工程建设项目全过程造价控制的应用及探讨 [J]. 居舍, 2018 (35): 142.

[209] 吴佩丽. BIM 技术在施工总承包企业项目管理中的应用研究 [D]. 郑州大学, 2018.

[210] 吴宪. 基于 BIM 的风电项目全过程造价管理研究 [D]. 北京邮电大学, 2018.

[211] 吴秀华. 做好 BIM 技术的优化及在建筑工程管理中的应

用［J］. 科技创新与应用, 2019 (2): 190 – 191.

［212］吴云. BIM 下装配式建筑监理质量安全管控研究［J］. 安徽建筑, 2018, 24 (4): 244 – 281.

［213］吴增辉. BIM 技术在现代建筑工程项目管理中的应用分析［J］. 居舍, 2018 (16): 37.

［214］武鹏飞, 谭毅, 李坤碧, 李建锋, 李博, 刘玉身. 深圳市建筑工务署 BIM 实施标准体系研究与建立［J］. 广东土木与建筑, 2018, 25 (11): 74 – 78.

［215］夏君杰. BIM 技术提高建筑工程管理效率的有效途径分析［J］. 住宅与房地产, 2018 (19): 167.

［216］夏霖, 王韶东. 建筑工程进度管控的信息化探究［J］. 居舍, 2019 (6): 150 – 151.

［217］夏珊珊, 甘霖. 基于 BIM 的工程造价精细化管理研究［J］. 建材与装饰, 2018 (15): 182.

［218］肖劲武. BIM 技术在房地产项目工程管理中的应用［J］. 住宅与房地产, 2018 (24): 16.

［219］肖启艳. BIM 在建筑工程项目全过程管理中的应用［J］. 四川建材, 2018, 44 (10): 197 – 198, 200.

［220］谢大鹏. BIM 技术在水利水电工程中的应用［J］. 科技风, 2018 (30): 161.

［221］谢磊. BIM 技术在建筑工程建设管理中的应用分析［J］. 建材与装饰, 2018 (42): 184 – 185.

［222］谢祥. BIM 技术多主体协同创新网络研究［D］. 华侨大学, 2018.

［223］谢羊城. BIM 在我国工程项目管理中存在的问题初探［J］. 中国住宅设施, 2018 (4): 163 – 164.

［224］徐后海. BIM 技术在建筑工程设计管理中的应用分析［J］. 城市建设理论研究 (电子版), 2018 (18): 53.

[225] 徐洁. BIM 技术融入高校工程管理教学的思考 [J]. 天津市教科院学报, 2018 (2): 75-77.

[226] 徐珊珊. BIM 技术在建筑工程管理中的应用 [J]. 四川水泥, 2018 (7): 166.

[227] 徐维维. BIM 在建筑工程管理领域的应用分析 [J]. 农家参谋, 2018 (14): 192.

[228] 徐轩. BIM 技术对工程造价管理的影响 [J]. 住宅与房地产, 2018 (16): 21.

[229] 许海燕. 基于 BIM 的 F 客运枢纽项目进度管理研究 [D]. 广西大学, 2018.

[230] 薛鹏勇. BIM 在建筑工程管理中的应用 [J]. 建材与装饰, 2018 (26): 191.

[231] 颜红艳, 胡灿, 周春梅, 唐文彬. BIM 与工程管理专业融合课程体系建设 [J]. 教育现代化, 2018, 5 (23): 158-163, 182.

[232] 杨官福. 基于 BIM 技术背景下的高速公路施工安全管理探析 [J]. 城市建设理论研究 (电子版), 2018 (18): 24.

[233] 杨昊霖. 基于 BIM 的施工项目进度预测与控制研究 [D]. 长安大学, 2018.

[234] 杨会东, 董国庆, 叶欣. BIM 时代工程管理专业教学改革研究 [J]. 才智, 2018 (28): 154.

[235] 杨建伟. BIM 技术在铁路"四电"工程项目管理中的应用 [J]. 铁道经济研究, 2018 (6): 22-26.

[236] 杨磊. 民航机场工程管理建筑信息模型应用框架 [J]. 科技创新与应用, 2018 (19): 54-56.

[237] 杨莉莉. BIM 技术在工程造价管理中的应用研究 [J]. 企业改革与管理, 2018 (21): 150-151.

[238] 杨明. BIM 在设计及设计管理中的应用研究 [J]. 城市建设理论研究 (电子版), 2018 (14): 50.

［239］杨文娟．基于 BIM 技术的工程管理类专业建设方案研究 ［J］．中国标准化，2018（12）：47 - 48.

［240］杨雪，冯雪英，李琴．基于 BIM 技术的可视化教学研究——以工程管理专业课教学为例 ［J］．知识经济，2018（9）：161 - 162.

［241］杨志刚，李晓霞．工程管理专业多渠道实践教学探索 ［J］．才智，2018（33）：191.

［242］姚建新．BIM 在建筑工程管理中的应用方法 ［J］．山西建筑，2018，44（29）：238 - 239.

［243］姚钦云．浅谈 BIM 技术的工程造价精细化管理探究 ［J］．建筑与预算，2018（7）：12 - 14.

［244］尹晶．BIM 技术在装饰工程管理中应用研究 ［J］．价值工程，2018，37（20）：221 - 222.

［245］于顺达．BIM 技术对工程管理水平提高的探讨 ［J］．职业技术，2018，17（9）：64 - 66.

［246］余宏亮，刘玲，许媛媛．工程管理专业 BIM 虚拟仿真实训平台构建研究 ［J］．土木建筑工程信息技术，2018，10（3）：51 - 56.

［247］曾峰．论 BIM 技术在建筑工程管理中的应用 ［J］．中国标准化，2018（22）：17 - 18.

［248］曾康燕．建筑工程造价管理中 BIM 技术的应用研究 ［J］．住宅与房地产，2018（22）：27.

［249］曾茜．建筑工程质量管理中 BIM 技术的应用研究 ［J］．四川水泥，2018（11）：190.

［250］曾在平，胡志明，李斌．装配式建筑在建筑结构课程的"BIM 工作室"实训教学模式研究 ［J］．中国标准化，2018（16）：54 - 55，58.

［251］曾昭銮．建筑工程管理中融合信息技术的方式研究 ［J］．

工程技术研究，2019（3）：128 - 129.

[252] 张波. 基于 BIM 技术的建筑施工成本控制研究 [J]. 中国建材，2018（7）：133 - 135.

[253] 张弛. BIM 与建筑信息化的关系及其应用价值分析 [J]. 科技创新与应用，2019（5）：153 - 154.

[254] 张代明. BIM 技术在工程造价管理中的应用研究 [J]. 价值工程，2018，37（26）：225 - 226.

[255] 张德军. 浅析 BIM 技术在建筑工程项目管理中的应用 [J]. 建设监理，2018（4）：11 - 13.

[256] 张东凯. BIM 技术在项目管理中的应用解析 [J]. 城市建设理论研究（电子版），2018（18）：32.

[257] 张东伟，谢文，冯尔云. BIM 技术在钢结构全生命周期管理中的应用 [J]. 四川建材，2018，44（11）：224 - 225.

[258] 张飞. 浅析基于 BIM 技术条件下总监理工程师的监理工作 [J]. 安徽建筑，2018，24（3）：65 - 67.

[259] 张健. BIM 技术在造价咨询行业应用中的困难与挑战 [J]. 城市建设理论研究（电子版），2018（18）：54.

[260] 张可辉. 建筑工程管理中 BIM 技术应用及推广研究 [J]. 建材与装饰，2018（48）：165 - 166.

[261] 张立，陈翔，李养成，李刚. 基于 BIM 的工程估价课程设计创新研究 [J]. 价值工程，2018，37（13）：210 - 212.

[262] 张丽. BIM 技术在高速公路机电工程项目管理中的应用 [J]. 交通世界，2018（8）：139 - 140.

[263] 张明明，王社良，高山，徐晋，张世民. 基于 BIM 的工程管理创新人才培养路径研究 [J]. 科技经济导刊，2018，26（15）：247.

[264] 张奇，吕英霞. 基于 BIM 技术的工程管理专业课程体系的构建 [J]. 建材与装饰，2018（36）：143.

[265] 张腾腾. 总承包企业 BIM 技术应用准备与基于 BIM 技术的 EPC 项目管理 [J]. 工程技术研究, 2018 (7): 177 - 178.

[266] 张旺, 方向, 肖莹, 诸得律. 基于 BIM 的输变电工程施工阶段动态造价管理研究 [J]. 城市建设理论研究 (电子版), 2018 (20): 48.

[267] 张晓川. BIM 技术在路桥施工全过程中的应用研究 [J]. 居业, 2018 (11): 66 - 67.

[268] 张雪峰. BIM 技术在交通土建工程管理中的应用 [J]. 城市建设理论研究 (电子版), 2018 (12): 36.

[269] 张娅, 郭彦丽. BIM 技术在建筑安装工程中的应用探析 [J]. 绿色环保建材, 2018 (9): 185 - 188.

[270] 张彦梅. 计算机电子信息技术工程管理与应用 [J]. 电子技术与软件工程, 2018 (7): 263.

[271] 张瑶. BIM 技术在暖通工程设计、施工中的应用及研究 [D]. 吉林建筑大学, 2018.

[272] 张喆. 关于 BIM 在建筑工程管理中的核心应用思路构架 [J]. 居舍, 2018 (32): 117.

[273] 张振. BIM 技术在桥梁施工管理中的应用 [J]. 低碳世界, 2018 (6): 232 - 233.

[274] 张志宁. "互联网 +" 下的建筑工程企业项目管理发展探索 [J]. 居舍, 2018 (21): 149.

[275] 赵迪. 融合 BIM 技术的高职建设工程管理教学研究 [J]. 陕西教育 (高教), 2018 (5): 60 - 61.

[276] 赵建伟. 建筑工程信息化管理的应用前景研究 [J]. 山西建筑, 2018, 44 (19): 224 - 225.

[277] 赵金先, 李堃, 王苗苗, 张英, 武丹丹. 基于 BIM 的工程管理专业课程体系与教学实践 [J]. 高等建筑教育, 2018, 27 (3): 13 - 16.

[278] 赵隽之. 上海浦东国际机场卫星厅工程总承包管理模式中的 BIM 革新 [J]. 建筑施工, 2018, 40 (8): 1478 - 1481.

[279] 赵亮. 工程设计企业 BIM 体系建设及应用研究 [J]. 城市建设理论研究 (电子版), 2018 (10): 33.

[280] 赵林. BIM 在建筑工程管理中的应用研究 [J]. 住宅与房地产, 2018 (19): 160.

[281] 赵美娟. BIM 技术在施工过程中的应用 [J]. 四川水泥, 2018 (9): 341.

[282] 赵瑄锋. BIM 技术在机电安装项目中的应用管理 [J]. 智能城市, 2018, 4 (8): 97 - 98.

[283] 赵园. 建筑工程管理与 BIM 的有机结合分析 [J]. 绿色环保建材, 2019 (1): 191 - 192.

[284] 郑安朝. BIM 技术在装配式混凝土结构工程中的应用 [J]. 住宅与房地产, 2018 (31): 164.

[285] 郑慧美. BIM 技术在消防工程造价管理中的应用研究 [D]. 烟台大学, 2018.

[286] 郑鲁明. 计算机电子信息技术工程管理与应用探求 [J]. 科技风, 2018 (22): 55.

[287] 郑清. BIM 技术在水利工程中的运用分析 [J]. 现代物业 (中旬刊), 2018 (5): 60.

[288] 郑文梅, 姚洪文, 王光炎. BIM 技术在装配式住宅全生命周期项目管理中的应用 [J]. 成都工业学院学报, 2018, 21 (2): 37 - 39.

[289] 仲乃君. BIM 技术在 S309 线临夏至大河家公路成本管理的应用 [J]. 甘肃科技, 2018, 34 (13): 74 - 75.

[290] 周琪. BIM 技术在工程管理与施工成本控制中的应用 [J]. 现代物业 (中旬刊), 2018 (10): 64.

[291] 周涛. 简析 BIM 技术在建筑工程管理中的应用 [J]. 中

华建设，2018（12）：62 - 63.

［292］周中华，杨立君．基于 BIM 技术的现场工程管理系统的转型升级［J］．山东工业技术，2018（23）：135.

［293］朱淳钊．BIM 在建筑工程管理中的应用措施［J］．四川水泥，2018（6）：207.

［294］朱骏．基于 BIM 的建筑工程全生命周期应用研究［J］．科技传播，2019，11（4）：160 - 161.

［295］朱丽玲，秦拥军．BIM 在工程管理专业毕业设计中的应用探索——以新疆大学为例［J］．教育现代化，2018，5（44）：177 - 181，186.

［296］朱习章．BIM 技术在工程造价管理中的应用探讨［J］．低碳世界，2018（8）：313 - 314.

［297］朱泽松．BIM 技术工程造价管理信息化探索［J］．黑河学院学报，2018，9（6）：72 - 73.

［298］祝连波，黄一雷．基于 BIM 技术的工程估价课程设计教学改革研究［J］．教育现代化，2018，5（31）：43 - 44.

［299］卓勉．BIM 的集成效应与工程精益化管理的研究［J］．工程技术研究，2018（7）：127 - 128.